一个节气一首诗
齐白石插画珍藏版
章雪峰◎著

**图书在版编目（CIP）数据**

一个节气一首诗 / 章雪峰著.
-- 北京 ：北京联合出版公司，2018.11(2019.4重印)
ISBN 978-7-5596-2296-9

Ⅰ．①一… Ⅱ．①章… Ⅲ．①古典诗歌－诗集
－中国 Ⅳ．①I222

中国版本图书馆CIP数据核字(2018)第135876号

一个节气一首诗
YIGEJIEQIYISHOUSHI
章雪峰 著

**策划统筹：**张雅妮
**责任编辑：**牛炜征
**特约监制：**高继书
**书籍装帧：**网智时代

**出　　版：**北京联合出版公司
（北京市西城区德外大街 83 号楼 9 层 100088）
**发　　行：**北京联合天畅文化传播公司
**经　　售：**新华书店经销

**印　　刷：**北京美图印务有限公司
**开　　本：**787mm×1092mm　1/16
**印　　张：**11.75
**字　　数：**150 千
**版　　次：**2018 年 11 月第 1 版　2019 年 4 月第 2 次印刷
**书　　号：**978-7-5596-2296-9
**定　　价：**42.00 元

# 前言

Forewords

## 节气与诗词背后的文化密码

节气，是凝聚古人智慧的时空坐标；诗词，是承载古人才华的文字密码。

节气与诗词的完美结合，从《诗经》中的那句“蒹葭苍苍，白露为霜。所谓伊人，在水一方”就已经开始了。

此后，我国历朝历代的诗人们，不仅极为重视24节气，在节气当天要饮酒作乐、吟诗作赋；而且深谙节气转换之间气温升降、季节变化、物候代谢、天地运行的道理，还会用诗的语言，在作品中描述和揭示这些道理。

典型的例子，就是苏轼在《冬至日独游吉祥寺》一诗中写下的那句“井底微阳回未回”。这句诗，如果不了解古人的“冬至一阳生”理论，是无论如何也搞不懂在冬至日那天，水井底下是如何出现“微阳”这个东西的。同时，我们也不会意识到，原来在24节气的变化之中，还蕴藏着古人“物极必反、盛极而衰”的人生智慧。

这些关于节气的诗词，集中体现了古人对于节气这个时空坐标的深刻理解，也集中体现了古人对于诗词这个文字密码的娴熟运用。在诗人们的吟诵之间，节气与诗词般配得丝丝入扣，登对得门当户对，令今天的我们叹为观止。所以，我以四季为序，为每一个节气，选定了我认为最般配、最登对的那首诗，然后把节气和诗的故事，汇成了这本书。

本书中的24首诗，从创作时间看，唐朝的多达11首，占了近一半；还有北宋的7首，南唐的1首，南宋的1首，元朝的1首和清朝的3首。

特别是对于身处元朝的微末文官，排名还在妓女之后、仅在乞丐之前的“九儒”读书人——胡祗遹，我很高兴能够这样记录下他的诗篇，让今天的读者了解他的人生经历和喜怒哀乐。

从诗作水平看，这24首诗也并不一致。既有杜甫“露从今夜白，月是故乡明”这样的名句名篇，也有乾隆皇帝“前日采茶我不喜”“今日采茶我爱观”那样的顺口溜儿。当然，书中其余23首诗的水平，都高于乾隆的顺口溜儿，堪称业界良心。就连乾隆皇帝的亲爹雍正皇帝，诗作也高于顺口溜儿水平。

从诗人身份看，有雍正、乾隆这样的皇帝；有张九龄、元稹、武元衡、令狐楚、欧阳修、韩琦、张无尽这样的宰相级人物；也有白居易、韩愈、徐铉、梅尧臣、苏轼这样的部长级高官；还有杜甫、韦应物、韩翃、陆游、黄庭坚、文同、胡祗遹这样才华横溢却长期屈处下僚、宦游四方的诗人们。真正一辈子从未出仕、甘为平民的，只有世称“诗书画印”四绝的大才子、清朝“岭南四家”之一的黎简。

有一个诗人，一个人独占了三首诗，抢了本书八分之一的地盘，这个诗人就是白居易。我分别在“夏至”“大暑”“霜降”三个节气，选了他的三首诗：《和梦得夏至忆苏州呈卢宾客》《夏日闲放》《谪居》。

不是因为这三个节气选不到其他的诗，而是因为我本人着实爱他。不仅着实爱他的诗，而且极度爱他的为人处世之道。

最爱的，就是他在《与元九书》中的这段话：

“古人云：穷则独善其身，达则兼济天下。仆虽不肖，常师此语。大丈夫所守者道，所待者时。时之来也，为云龙，为风鹏，勃然突然，陈力以出；时之不来也，为雾豹，为冥鸿，寂兮寥兮，奉身而退。进退出处，何往而不自得哉！”

把白居易此段中的八个字“所守者道，所待者时”，换成我们今天的八个字，就是“坚守底线，等待时机”：为人处世，首先要坚守自己的底线，然后再等待那个属于自己的时机。

时机如果来了，那就大干一场，“为云龙，为风鹏，勃然突然，陈力以出”，小则为所从事的事业立下一点功劳，大则为国家社会进步贡献绵薄之力；时机如果一辈子都不来，那也不要紧，我们还可以“为雾豹，为冥鸿，寂兮寥兮，奉身而退”，该莳花时弄草，该提笼时架鸟，过好自己的小日子，直到生命的尽头。

然而，抱定这样的处世原则，最大的危险就在于：你可能一辈子也等不来属于你的那个时机。白居易的一辈子，就没有等来属于他的那个时机。

当他在长庆二年（公元 822 年）51 岁，终于意识到属于自己的那个时机永远也不会到来的时候，他就在“所守者道，所待者时”八个字的指引下，开启了自己“奉身而退”、莳花弄草、提笼架鸟的人生最后进程。

这一年，他正担任中书舍人一职，在距离宰相只有一步之遥的时刻，突然自请外任，希望去杭州当刺史。然后在长庆四年（公元 824 年）五月，他如愿以偿当上了“太子左庶子分司东都”这样的留司官。这一年，他才 53 岁。

从此直到以 75 岁高龄辞世，除了短暂出任苏州刺史去过苏州、出任秘书监去过长安以外，白居易一直猫在东都洛阳没有挪窝，安安稳稳、快快活活地“奉身而退”了二十多年。

这期间，在首都长安官场上，“牛李党争”争得头破血流也好，“甘露之变”杀得血流成河也好，朋友同事出将入相也好，宰相王涯身首异处也好，都跟白居易没关系。

你闹你的眼子，我过我的日子。

生活在今天的我们，就人生哲学而言，未必比这个一千多年前的白老爷子高明。这就是我接连选他三首诗，爱他爱得不行的理由。

说一千道一万，其实就是想告诉诸君，虽然只有24个节气，虽然只有24首诗词，但“什么样的节气，选谁的诗，选什么样的诗，甚至传递一点儿什么样的理念”，才好呈现到诸君的面前，予有深意存焉。

说一千道一万，其实就是一句广告词：《一个节气一首诗》，你值得拥有。是为前言。

章雪峰

二〇一七年八月二十七日

# 目 录

Contents

# 立春

立春一年端
种地早盘算

## 立春日晨起对积雪

忽对林亭雪，瑶华处处开。今年迎气始，昨夜伴春回。
玉润窗前竹，花繁院里梅。东郊斋祭所，应见五神来。

### 庭院里银装素裹，漫天雪花四处飘落

唐朝开元二十六年（公元 738 年）立春日的早晨，时任荆州大都督府长史、写过“海上生明月，天涯共此时”的那个张九龄，在自己的官邸起床后，惊讶地发现夜里下雪了，而且还挺大，庭院里一派银装素裹的景象。

“今天，皇帝应该在长安城东郊举行迎春祭祀大典了吧？”张九龄一边感慨地想，一边提笔，写下了这首《立春日晨起对积雪》。

**忽对林亭雪，瑶华处处开：**立春日的早晨，忽然发现下雪了，庭院里银装素裹，漫天的雪花还在四处飘落。

**今年迎气始，昨夜伴春回：**原来我昨夜是伴着春天的气息回到官邸的。而在长安，今年立春日则是首次执行皇帝去年十月一日的诏令，举行迎春祭祀大典的日子。

张九龄说“今年迎气始”，是因为去年十月唐玄宗李隆基刚刚下过一道圣旨。据《唐会要》卷十：“开元二十五年（公元 737 年）十月一日制：自今已后，每年立春之日，朕当帅公卿亲迎春于东郊。”这个记载中的“朕”，

就是唐玄宗李隆基。

其实，从汉朝开始，天子诸侯就有四时迎气五郊之礼。其中立春之日，迎春于东郊，祭青帝勾芒。唐玄宗李隆基突然下这么一道诏书，估计是此前的立春日大典，他并未亲临现场。于是这次表态，在开元二十六年（公元 738 年）的立春日他要亲自迎春。

今年立春日之前，张九龄刚刚从外地巡视回来。去年冬天，张九龄在孟浩然、裴迪的陪同下，从荆州城出发，先到当阳紫盖山、玉泉寺，登当阳城楼，然后进入松滋县境内，游玩松滋耆阇寺，才顺流东下，到郢都纪南城、渚宫一游，重回荆州城。所以，张九龄才在诗中写“昨夜伴春回”。

**玉润窗前竹，花繁院里梅：**如玉的白雪，浸润着窗前的翠竹；洁白的雪花落满枝头，与盛开的梅花相映生辉，更增丽色。

**东郊斋祭所，应见五神来：**今天，在长安东郊的斋戒祭祀之地，应该会见到五神降临人间吧？

“五神”的说法，出自《礼记》：“春曰其帝太昊，其神勾芒；夏曰其帝炎帝，其神祝融；中央曰其帝黄帝，其神后土；秋曰其帝少昊，其神蓐收；冬曰其帝颛顼，其神玄冥。”

张九龄现存诗歌 222 首，除 3 首四言诗、2 首杂言诗、4 首七言诗外，其余均为五言诗。他的最高成就，也是五言诗。这首《立春日晨起对积雪》，就是他的一首五言诗。

张九龄是具有盛唐气象的诗人，也是唐朝及历朝历代文人景仰的一代文宗。明人胡应麟《诗薮》记载：“唐初承袭梁隋，陈子昂独开古雅之源，张子寿首创清澹之派。”明人高棅《唐诗品汇》记载：“张曲江《感遇》等作，雅正冲淡，体合《风》《骚》，骎骎乎盛唐矣。”清人李重华的《贞一斋诗说》记载：“唐初人当以陈伯玉、张子寿为最。”直到清末，施补华的《岘佣说诗》仍然评价：“唐初五言古，犹沿六朝绮靡之习，唯陈子昂、张九龄直接汉魏，骨峻神竦，思深力遒，复古之功大矣。”这里的“张曲江”“张子寿”，都是指张九龄。“曲江”是他的籍贯，

“子寿”是他的字。就连张九龄的顶头上司唐玄宗李隆基也夸他“张九龄文章，自有唐名公皆弗如也。朕终身师之，不得其一二，此人真文场之元帅也”（《开元天宝遗事》）。

## 张九龄罢相一小步，唐朝治乱一大步

立春日之前，孟浩然陪着张九龄外出巡游时，诗作不少，可谓一路赋诗一路行：《陪张丞相祠紫盖山途经玉泉寺》《陪张丞相登嵩阳楼》《陪张丞相自松滋江东泊渚宫》《从张丞相游纪南城猎戏赠裴迪张参军》《陪张丞相登荆城楼因寄苏台张使君及浪泊戍主》《和张丞相春朝对雪》等。

其中的《和张丞相春朝对雪》，就是直接唱和张九龄这首《立春日晨起对积雪》的。

值得注意的是，在这组诗的诗题之中，孟浩然一口一个“张丞相”，首首都有“张丞相”。其实，孟浩然那是跟张九龄虚客气。因为此时的张九龄，早已不是丞相了。

张九龄是开元二十四年（公元 736 年）十一月二十七日罢相的。接替他的，正是他看不起、也斗不过的著名奸相李林甫。与此同时，他同样看不起的牛仙客，也被任命为宰相。

对于李林甫，张九龄认为：“宰相系国安危，林甫非社稷之臣也。陛下若相甫，恐异日为社稷忧矣！”对于牛仙客，张九龄认为：“仙客，河湟一使典耳，擢自胥吏，目不知书，陛下必用仙客，臣实耻之。”可唐玄宗李隆基不但任命此二人为宰相，还给了张九龄一个更大的“惊喜”。开元二十五年（公元 737 年）四月，时任监察御史的周子谅，上书弹劾牛仙客非才，并引谶书为证。此举惹得李隆基大怒，命杖之朝堂，打得周子谅“绝而复苏”之后，将其流放瀼州。周子谅刚刚走到蓝田，就伤重而死了。

李林甫没有放过这次机会，只在李隆基耳边简单一句“子谅，张九龄所荐也”，张九龄就此被贬荆州。

当年五月八日，遭贬的张九龄驰抵贬所。这才有了他和荆州、当阳、松滋等地的一番缘分。

既然张九龄早就已经罢相，那么到了开元二十六年（公元 738 年）立春日，孟浩然仍然称呼已经就任荆州大都督府长史的张九龄为“张丞相”，显然客气和安慰的成分居多。

在孟浩然看来，甚至在唐玄宗李隆基看来，此时已被罢相的张九龄，是应该可怜的，是需要安慰的；从历史上看，更应该可怜的，更需要安慰的，却是此时此刻高高在上看不清形势、扬扬得意而看不清自己的李隆基本人。

张九龄罢相，只是他个人的一小步，却是唐朝的一大步。因为，唐朝前后期的历史，正以张九龄罢相这一事件，作为分水岭。从此以后，盛唐远去，乱世降临。

这本就是唐人自己的看法。唐宪宗时的宰相崔群就直接地说过：“世谓禄山反为治乱分时，臣谓罢张九龄、相李林甫，则治乱固已分矣。”当时的世人都说安禄山造反是唐朝治乱的分水岭，而在崔群看来，张九龄罢相、李林甫入相，就已经是唐朝治乱的分水岭了。此后无论安禄山反不反，唐朝都已经进入乱世了。

宋人更是这样认为。编撰《资治通鉴》的司马光认为，“九龄既得罪，自是朝廷之士，皆容身保位，无复直言”；苏轼也这么看，“唐开元之末，大臣守正不回者，惟张九龄一人。九龄既已忤旨罢相，明皇不闻其过，以致禄山之乱。治乱之机，岂不谨哉！”

宋人晁说之曾赋诗曰：“阊阖千门万户开，三郎沉醉打球回。九龄已老韩休死，无复明朝谏疏来。”诗中的“三郎”就是指唐玄宗李隆基。韩休死了，张九龄也已经罢相了，明天应该没有令人讨厌的谏疏呈上来了。这多好，李隆基的耳根儿，

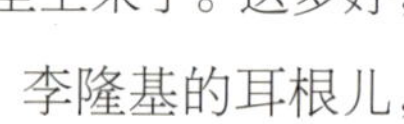

多清净。

是的，张九龄已经老了。在荆州写下《立春日晨起对积雪》之时，他已经 61 岁了。而开元二十六年的立春日，是他在荆州度过的第一个立春日，同时，也是他生命中倒数第三个立春日。

张九龄的身体，也越来越差了。开元二十七年（公元 739 年）下半年起，他就卧病在床了。此时的他，开始思念家乡韶州曲江（今广东韶关）的山山水水，开始想念始兴南山下那片打算埋骨的林泉。

开元二十八年（公元 740 年）立春日过后，身体稍微好了一点，张九龄就向长安的李隆基发出了哀鸣："让我回家乡看看，为先人扫扫墓吧！"

在李隆基同意后，张九龄即刻从荆州出发，启程南返。途中经过湘中时，还有诗应答大诗人王维："知己如相忆，南湖一片风。"

当他千里跋涉，终于回到朝思暮想的家乡韶州曲江时，昔日雄姿英发的赳赳少年，虽然已位高爵显，却已变成了步履蹒跚的白发老头。

"该是叶落归根的时候了。"很难说，当时自感已经灯尽油枯的张九龄，有没有这样地暗示过自己。

五月七日，刚刚回到家乡不久的张九龄，病逝于韶州曲江私第。李隆基闻讯后，"震悼其丧，褒赠荆州大都督，谥文献"。

此后，每当宰相向李隆基推荐杰出文士的时候，他就要问上一句："风度得如九龄否？"

## 立春：唐朝的大日子

立春，是一年二十四节气之首。《二如亭群芳谱》如是解读："立，始建也。春气始而建立也。"

立春作为节气，形成于周朝。但是在立春这一天，正式举行一系列的迎春礼仪活动，却是在东汉形成的。

立春，在张九龄所在的唐朝，那可是个大日子。立春这一天，上到皇帝下到老百姓，至少有"祭春""鞭春""饰春""咬春"四个仪式感很强的活动需要参加。

“祭春”，主要是朝廷官方的活动，没老百姓什么事儿。《旧唐书·礼仪志》载：“武德贞观之制，神祇大享之外，每岁立春之日，祀青帝于东郊。”这，就是“祭春”。

唐朝礼制中，强调了大中小三种祭祀的级别，“祭春”属于大祀的一种，场面相当浩大。

唐朝祭祀的这位“青帝”，是唐人崇拜的春神，是神话中的东方大神，是守望春天的春神，也是主管农事的神。

春神，被命名为“勾芒”，传说是三皇五帝之一少昊的叔叔，本名则叫“重”。这位神仙被命名为“勾芒”的缘由则很有意思：春天到来之时，豆子出土的豆芽弯成“勾”形，青草出土的叶尖带“芒”。因此，人们将“勾芒”视为是春的象征，于是，这位神仙也由此命名。

春神个子不是太高，因为按照规矩，他的身高要象征一年的三百六十日，所以只能身高三尺六寸，换算之后，也就是1.2米左右。

除了身高以外，春神的形象是：“四方形人面”“鸟身”“素服”，还有“脚踏两龙”，也就是脚踏着两条蛇。他的岗位职责是管理草木生长，正是因为这个重要的岗位职责，才被尊为春神。

春神的来头其实不小：一是他的鸟身，说明他是我中华民族“玄鸟”崇拜、凤崇拜的来源之一；二是史载春秋五霸之一秦穆公，就曾在自家宗庙里见到了这位神仙。这说明春神也是秦国的祖先之神，而正是秦国在后来统一了中国。

当时，除了在京城由皇帝亲自率领，举行大型“祭春”仪式以外，帝国各地的行政长官如刺史、县令等，也要主持举行类似的小型“祭春”仪式，同时向百姓发放赈济，劝课农桑。

与“祭春”仪式一起举行的，还有“鞭春”。

“鞭春”这一仪式也起源于周朝，也是立春日的官方活动之一。与“祭春”有所区别的是，这个活动虽由官方主持，但鼓励老百姓参与。那么，“鞭春”怎么玩儿？

首先，要用泥土做一头和真牛一样大小的土牛，同时土牛的笼头、缰绳、牛鞭等，要一应俱全。需要说明的是，这个“牛鞭”，就是“鞭春”仪式所需要的道具，也是真的用来赶牛的鞭。

其次，拴牛的缰绳必须长达七尺二寸，因为象征着七十二节候。

再次，土牛身上，还要涂上颜色。涂什么颜色，则相当有讲究。大诗人杜牧的爷爷杜佑所著的《通典》，说这个涂色的规矩是“各随方色”。

什么叫“各随方色”，就是根据各州县与京城的相对方位，来确定土牛的颜色。具体来讲，东方涂成青牛，南方涂成红牛，西方涂成白牛，北方涂成黑牛。

顺便要提一句，这个仪式传承到了宋朝时，就把土牛的颜色，规定得复杂无比：“以岁之干色为牛首，支色为牛身，纳音色为牛腹，以立春日之干色为牛角、耳、尾，支色为牛颈，纳音色为牛蹄。”牛头、牛身、牛腹颜色不同，甚至牛角、牛耳、牛尾、牛颈和牛蹄的颜色都各由天干、地支来决定。

道具齐活儿了，开始“鞭春”。

“鞭春”在“祭春”之后紧接着进行。在唐朝前期，是由主持仪式的最高首长，或皇帝或刺史或县令，拿着牛鞭，象征地鞭打土牛三下，以催促牛儿勤劳地春耕，为老百姓创造个好收成。“鞭春”之后，再将这个土牛保存七天，以便让更多的老百姓看到，并提醒他们，该春耕了。

到了唐朝末年，这个“鞭春”就比较野蛮和火爆了。不是鞭打土牛三下，而是把土牛打成碎片，然后由在场的老百姓一哄而上，各抢一个碎土块去撒到自己的田里，据说这样可以保佑自己的田地到秋天获得大丰收。老百姓争抢这土牛的碎土块，又叫“抢春”。

这样的野蛮搞法，当然也有人看不惯。著有《刊误》一书的唐人李涪就是其中之一。他在书中说：“今天下州郡立春日制一土牛，饰以文彩，即以彩杖鞭之，既而碎之，各持其土以祈丰稔，不亦乖乎？”

唐人卢肇也是见过这种仪式的。他在《谪连州书春牛榜子》一诗中如此描述“鞭春”：“阳和未解逐民忧，雪满群山对白头。不得职田饥欲死，儿侬何事打春牛。”

古樹歸鴉圖
八哥解語偏饒舌鸚鵡能言有是非省卻
人間煩惱事斜陽古樹看鴉歸

"鞭春"的仪式，从周朝到清朝，中华大地上一直在举行。尽管仪式的规矩变化较多，但其中核心的鞭打土牛的仪式，则一直传承了下来。

立春之日，还要"饰春"。所谓"饰春"，就是用与春天有关的装饰物，来营造春天到来的气氛。简单地说，就是"人戴春胜，屋挂春幡"。胜，妇人之首饰也。春胜，就是立春这一天，美女们戴在头上的象征春天来临的装饰物。这些装饰物，可以用纸、布、金、银、玉等材料进行制作。美女们佩戴春花、春燕、春鸡、春蝶、春蛾、春杆，小孩子则佩戴春娃。而当时的男子，也有在头上佩戴春胜的。

春胜，多数是用彩纸做的。剪彩为燕，称为"春燕"；贴羽为蝶，称为"春蝶"；缠绒为杖，称为"春杆"。

唐人曹松在《客中立春》一诗中写道："土牛呈岁稔，彩燕表年春。"上一句说到了"鞭春"的土牛，下一句的"彩燕"就是"春燕"。

用绢制作成小娃娃的样子，就是"春娃"，这是小朋友们的专用春胜，家长们以此为他们祈福。另外还可以缝制一些小布袋，内装豆子、谷子等杂粮，挂在耕牛角上，取意"六畜兴旺、五谷丰登、平安吉祥"。

人用春胜装饰，房屋则用春幡装饰。春幡，就是把彩纸剪成悬挂或张贴用的小彩旗，以表达人们迎春的喜悦。春幡上写的字儿，一般是"迎春""宜春""大吉"等吉利字，或是"春风得意""六合同春"等吉利话。这些春幡，可以贴在门楣之上，挂在院子花枝之上，从而使整个房屋或者庭院，呈现出一片春意浓浓的迎春气象。

在立春日吃东西，叫吃"春盘"，又叫"咬春"。"春盘"最早见于东汉崔寔在《四民月令》中关于"立春日食生菜"的记载。"春盘"，又叫"五辛盘""辛盘"。哪"五辛"？葱、蒜、韭菜、芸薹、胡荽。前三种好理解，后两种中的"芸薹"是现在的油菜，"胡荽"就是现在的香菜。

"五辛"也是"五新"。唐人认为，立春、春天适合吃这五种刚刚生长出来的新鲜蔬菜。

中医把食物和药物的性味属性，分为辛、甘、酸、苦、咸五味。其中的辛味，具有发散、行气、行血的功能。比如麻黄、薄荷、木香、红花、花椒、苍术、肉桂等，都属于辛味食物或辛味药物，上述"五辛"也是。

立春之时，气候由冬入春。在这个季节转换的时节，聪明的古人选用辛味食物，以运行气血、发散邪气，对于调动身体阳气、预防流感，保证身体健康，都是有积极作用的。立春吃“春盘”的道理，就在于此。当然，“春盘”之中，可能还不仅限于这五种新鲜蔬菜，而且可能因地域差异，蔬菜品种也会有所不同。

除了这“五辛”之外，只要是立春时节有的蔬菜，都可以进入“春盘”，以便让全家人都尝一尝春天的滋味。

这些蔬菜怎么吃？切丝儿。杜甫在《立春》里写道：“春日春盘细生菜，……菜传纤手送青丝。”后一句诗里的“青丝”，显然不是指美女们的头发，而是切成丝儿的绿色蔬菜。

当然，“春盘”也有配各类荤菜的，可以有鱼也可以有肉，也是切丝或切片。北宋苏东坡的春盘里就有鱼肉，他在《春菜》诗里写道：“烂蒸香荠白鱼肥。”南宋吏部侍郎方岳留下的《春盘》诗，告诉我们他吃的春盘里有猪肉：“更蒸豘压花层层”，“蒸豘”就是蒸熟的猪肉。

“春盘”里的菜，要配“春饼”吃，还可以配粥。“春饼”，就是小而薄的圆形软面饼。到了开吃的时候，这些蔬菜丝儿、肉丝儿、肉片儿，你每样挑一点儿，用“春饼”一卷，就像现在北京烤鸭的吃法一样，就算是吃“春盘”了。这也叫“春到人间一卷之”。现在南方的“春卷”，亦由此而来。

“春盘”不仅可以自己在家里做，而且东汉以来，一直就有邻里之间互相赠送的做法，叫作“馈春盘”。

上述的“春盘”是老百姓的家常做法，皇家的春盘则另有一番富贵气象：据南宋周密在《武林旧事》中记载，当时皇宫中的春盘“翠缕红丝，金鸡玉燕，备极精巧，每盘值万钱”。

“咬春”，还有一种说法，专指生吃萝卜。为什么要吃生萝卜？因为萝卜和那“五辛”一样，也属于辛味食物，吃萝卜可通气、消食，有利于身体健康。另外，民间也有传说，吃萝卜可以解除春困。立春了，去吃个生萝卜，“咬春”吧。

# 雨水

雨水落了雨，阴阴沉沉到谷雨。

## 早春呈水部张十八员外二首（其一）

天街小雨润如酥，草色遥看近却无。
最是一年春好处，绝胜烟柳满皇都。

## 早春才是长安城一年中最美好的季节

唐长庆三年（公元 823 年）早春，雨水节气前后，正在吏部侍郎任上的韩愈，叫人给自己的同事兼好友张籍送去了两首诗。这是其中的第一首。

**天街小雨润如酥，草色遥看近却无：**早春的雨水，像酥油一般滋润着长安城的街道；街道旁刚刚破土的草芽，远看一片嫩绿，近看却显得零星稀疏。

**最是一年春好处，绝胜烟柳满皇都：**早春才是长安城一年中最美好的季节，远远胜过柳色如烟笼罩全城的时候。

诗题中的“水部张十八员外”，指的是张籍，就是写下“还君明珠双泪垂，恨不相逢未嫁时”的那个张籍。

在这里，韩愈对张籍的称呼有两个。一个是“水部张员外”，一个是“张十八”。

张籍时任水部员外郎，也就是朝廷工部水部司的副司长，所以韩愈称他为“水部张员外”。张籍是从六品上的副司长，他的直接领导是从五品上的“水部郎中”。

那么，“张十八”又是什么意思？

这就涉及唐朝时，社会生活中人们互相之间独特的“行第”称呼了。所谓“行第”称呼，就是指同一个大家族内部的子弟，按照出生先后的排行次序来互相称呼。

这是唐朝官场民间普遍流行的称呼方式。唐人不分亲疏贵贱，互相之间都是以“行第”称呼为时尚的。他们认为这样的称呼，显得亲切随便。

所以，杜甫是“杜二”，李白是“李十二”，白居易是“白二十二”，钱起是“钱大”，柳宗元是“柳八”，元稹是“元九”，王维是“王十三”，李商隐是“李十六”。这还不算，岑参又称“岑二十七”，刘禹锡则称“刘二十八”，高适更达“高三十五”。

巧合的是，韩愈也叫“韩十八”，和张籍排行一样。



## 陪伴韩愈到生命最后一刻的人

张籍“张十八”，是韩愈“韩十八”一生中最亲密的朋友。

唐贞元十三年（公元 797 年）十月初，为参加来年的科举考试，张籍从家乡和州北上汴州，在名句“慈母手中线，游子身上衣”作者孟郊的介绍下，拜见了时任汴州观察推官、比自己还小两岁的韩愈。



自此，双“十八”一见如故，一段长达 28 年的朋友交谊，就此开始。

《旧唐书·张籍传》概括说，张籍“以诗名当代。公卿如裴度、令狐楚，才名如白居易、元微之，皆与之游。而韩愈尤重之”。好朋友嘛，当然“尤重之”了。

这个“尤重之”，可是有具体内容的。别看张籍比韩愈还要大两岁，但当时韩愈已经中第，而张籍则还是没有中第的老百姓。韩愈对张籍“尤重之”，就从科举考试开始。

当时，韩愈出于对张籍才学和人品的欣赏，欣然把张籍留在自己位于汴州的城西馆中读书，让他准备来年参加科举考试。

在这段款留张籍读书的日子，韩愈对张籍达到了“推食食之，解衣衣之”，出则连辔，睡则同房的地步。张籍在韩愈逝后所作的《祭退之》中写道：“为文先见草，酿熟偕共觞”，“新果及异鲑，无不相待尝”，“出则连辔驰，寝则对榻床”，

"有花必同寻，有月必同望"。

张籍自己都感慨，韩愈对他，那真的是"骨肉无以当"。

第二年秋季，张籍在汴州参加地方州府的"乡试"，试题是《反舌无声诗》，一举考得第一，荣获"解元"称号，并且取得了从汴州解送入京参加"省试"的资格。

不负韩愈重托的张籍，果然于贞元十五年（公元 799 年）二月在长安，一举中第。

从此，心怀感恩的张籍，视韩愈为亦师亦友的人物。《唐摭言》载："韩文公名播天下，李翱、张籍皆升朝，籍北面师之。故愈《答崔立之书》曰：'近有李翱、张籍者，从予学文。'"

此后，韩愈对张籍的仕途发展，也是全力帮助。《旧唐书·韩愈传》载，韩愈当时对张籍，"不避寒暑，称荐于公卿间"。

元和元年（公元 806 年），张籍担任太常寺太祝后，"十年不改旧官衔"。又是在时任国子监博士的韩愈推荐下，张籍才得以调任国子监助教。

元和十五年（公元 820 年），韩愈又在国子监祭酒任上，专门上奏《举荐张籍状》，公开称赞他"学有师法，文多古风"，张籍才升为国子监博士，再迁为水部员外郎。

只有到这时，韩愈才能在诗题中称呼张籍为"水部张员外"。

张籍一生写给韩愈的诗共有 7 首；韩愈一生写给张籍的诗，则有 18 首，包括《早春呈水部张十八员外二首》这两首。

这两首诗，是韩愈约张籍出去玩的诗。去哪里玩？当然是曲江啦。

可是这一次，张籍却一再以公务繁忙、身体不适为由推托。于是，韩愈就在《早春呈水部张十八员外二首（其二）》中批评他："莫道官忙身老大，即无年少逐春心。凭君先到江头看，柳色如今深未深。"

这首诗中的"江头"，指的就是长安城南的曲江池头。

曲江，位于唐都长安东南隅，是当时集皇家禁苑、贵族园林、公共游赏之地于一体的风景名胜之地。在当时，到长安不到曲江，等于白来一趟。这也是当时韩愈、张籍以及白居易经常游玩的地方。

就在韩愈写下《早春呈水部张十八员外二首》的前一年，即长庆二年（公元 822 年）的春天，已是兵部侍郎的韩愈，打算同时约上张籍、白居易两人，一起去曲江游览。

结果这一次张籍来了，白居易却没来。韩愈不悦，写下《同水部张员外籍曲江春游寄白二十二舍人》，质问白居易："有底忙时不肯来？"——您到底在忙些什么，不肯来曲江一聚？

白居易没办法，只好写来《酬韩侍郎张博士雨后游曲江见寄》解释："小园新种红樱树，闲绕花行便当游。何必更随鞍马队，冲泥蹋雨曲江头。"——我家小园种了红樱树，平时没事转一转就当春游了。去曲江春游的话，还要骑马，赶上下雨又是水又是泥，何必呢？总之，我这人喜静不喜动，您见谅。

到了长庆三年（公元 823 年）春天的雨水节气，韩愈干脆就不约白居易了，今年的春游，他决定只约好友张籍，"携手城南历旧游"了。

可没想到，今年张籍也推三阻四。韩愈这下火大了，直接批评他"即无年少逐春心"。人生这么短，此时不玩更待何时？

韩愈要抓紧时间出去玩是对的，因为长庆三年（公元 823 年）的雨水节气距离他的生命终点只有一年多的时间了。而张籍，则是陪伴韩愈到生命最后一刻的人。

长庆四年（公元 824 年）八月十六日，张籍约了和自己一起并称"张王乐府"，时任秘书郎的王建一起，到韩愈府中赏月，韩愈很是高兴，为之作诗《玩月喜张十八员外以王六秘书至》。

此后，韩愈就因病告假，一病不起。这年冬天，韩愈病笃之时，张籍一直守候在他的病床边，"门仆皆逆遣，独我到寝房"。同年十二月二日，韩愈病逝于长安靖安里府邸，年仅 57 岁。

"公比欲为书，遗约有修章。令我署其末，以为后事程。"弥留之际，韩愈以后事托付张籍，两个多年好友，就此阴阳两隔。

韩愈未及耳顺之年就英年早逝，令人惋惜。关于韩愈早早逝去的原因，白居易曾在《思旧》一诗中提及："退之服硫黄，一病讫不痊。"作为韩愈的好友，白居易指出他早逝的原因，是因为"服硫黄"。

说到韩愈"服硫黄"，今天的我们，很难理解古人们这样的行为：把某些金属如铅、汞、金、银，或某些矿石如钟乳石、云母、硫等，经过加热合成等手段，炼成所谓的"金石药""金丹"，然后大把大把地往自己嘴里倒。

古人们当然也有自己的道理：他们这是受道家的影响，希望通过服食金丹，求得长生不老。《神农本草经》载："食石者，肥泽不老。"《神农四经》也载："五芝及饵丹砂、玉札、曾青、雄黄、雌黄、云母、太乙禹余粮各可单服之，皆令人飞行长生。"

于是，从先秦开始，服食金丹等"饵药"行为，就流行起来。

在魏晋名士中，"饵药"风行一时。他们大量服食五石散，即以石钟乳、石硫黄、白石英、紫石英、赤石脂等炼成的矿石粉末。这些矿石粉末均大辛大热，服了之后毒副作用发作，就全身发痒，身热心烦，坐卧不宁，性格暴躁，表现狂傲，必须得"寒衣、寒饮、寒食、寒卧、极寒益善"，或者"宽衣大帽，四处游逛"。

到了唐朝，"饵药"达到了鼎盛时期。一代英主唐太宗李世民，年仅五十就一命呜呼，其死因也是"饵药"。包括他在内，唐朝有史料记载的因服食金丹而送命的皇帝，至少有 6 位之多。

唐朝皇帝都如此"率先垂范"，所以文武百官、黎民百姓，服食者甚众，丧身殒命者也比比皆是。韩愈就是其中的一个。

韩愈"服硫黄"，见之于史料。宋代陶谷的《清异录》："昌黎公愈晚年颇亲脂粉。服食，用硫黄末搅粥饭啖鸡男，不使交，千日烹庖，名'火灵库'。公间日进一只焉。始亦见功，终致绝命。"这个记录正说明，晚年的韩愈老爷子，为了"亲脂粉"而"服硫黄"，最终导致了早逝。

## 春雨贵如油

二十四节气中，反映降水的节气一共有 7 个，“雨水”是第一个。往后依次是：谷雨、白露、寒露、霜降、小雪、大雪。

雨水节气，标志着我国大部分地区开始气温回升，冰雪融化。在降水形式上，表现为降雨增多，降雪渐少。

《月令七十二候集解》载：“正月中，天一生水。春始属木，然生木者必水也，故立春后继之雨水。且东风既解冻，则散而为雨矣。”

《礼记·月令》载：“始雨水，桃始华。”东汉经学大师郑玄注释说：“汉始以雨水为二月节。”

“斗指壬为雨水，东风解冻，冰雪皆散而为水，化而为雨，故名雨水。”

春天的雨，呼唤万物苏醒，催促大地回春，孕育希望；春天的雨，或细如牛毛，或密如丝线，充满诗意。

所以，无论是在古人还是今人眼中，春雨都是珍贵的。用韩愈《早春呈水部张十八员外二首》中“天街小雨润如酥”的诗句来说，就是“春雨贵如酥”；用老百姓的话来说，就是“春雨贵如油”。

# 惊蛰

雷打惊蛰前，
高山好种田。

## 观田家

微雨众卉新，一雷惊蛰始。田家几日闲，耕种从此起。
丁壮俱在野，场圃亦就理。归来景常晏，饮犊西涧水。
饥劬不自苦，膏泽且为喜。仓禀无宿储，徭役犹未已。
方惭不耕者，禄食出闾里。

## 惊蛰节气一到，就要开始春耕了

大约在唐兴元元年（公元 784 年）的惊蛰节气前后，滁州（安徽滁州）城西的田家农民，忙碌着下田，开始新一年的春耕。

辛勤劳作的农民们，完全没有注意到，在田地旁边的小径上，一直有一个人在观察他们。这个人就是这些农民的父母官，时任滁州刺史的韦应物，唐诗名句“野渡无人舟自横”的作者韦应物。

身为父母官，韦应物看到田家农民如此辛苦，颇为感慨，提笔写下了这首《观田家》。

**微雨众卉新，一雷惊蛰始：** 经过春天小雨的沐浴之后，花朵都焕然一新；一声春雷响过之后，蛰伏在泥土中冬眠的动物都被惊醒了。

**田家几日闲，耕种从此起：** 惊蛰节气一到，还没过几天冬闲日子的农民，就又要开始春耕了。

**丁壮俱在野，场圃亦就理：**健壮的青年都到地里干活了，留在家里的人也在收拾家里的场圃。

**归来景常晏，饮犊西涧水：**等到他们从地里回家，经常已经很晚了，可他们还得把牛牵到西涧喝水。

**饥劬不自苦，膏泽且为喜：**这样又累又饿，他们自己却不觉得苦，只要看到滋润作物的雨水降下，就觉得欢喜。

**仓禀无宿储，徭役犹未已：**就算农民们整天忙碌，家里也没有隔夜的粮食，朝廷的劳役仍然没完没了。

**方惭不耕者，禄食出闾里：**作为从不耕种的人，我深感惭愧，自己的俸禄，就来自这些辛苦耕种的农民。

韦应物，中唐著名诗人。因为他曾出任过苏州刺史，所以人称“韦苏州”。

韦应物现存诗 560 首。历代学者评价韦应物的诗，大都是四个字——“自然平和”。《观田家》就是这 560 首诗中的一首。从这首诗的语言及内容来看，确实是娓娓道来的“自然平和”风格。特别是他那句“野渡无人舟自横”，更是将他“自然平和”的风格，发挥到了极致。

当然，韦应物最牛的，还是像《观田家》这样的五言诗。他的五言诗现存约 270 首，占总数的 48%，《四库全书》总纂修官、清朝大才子纪晓岚如是评价他的五言诗：“其诗七言不如五言，近体不如古体。五言古诗源出于陶，而溶化于二谢，故真而不朴，华而不绮。”

在今天看来，韦应物作为唐朝诗人，似乎名声不响。实际上，历朝历代，韦应物诗名之盛超乎想象。

还在唐朝，大诗人白居易就感叹韦应物的诗才无人能及：“近岁韦苏州歌行，才丽之外，颇近兴讽。其五言诗，又高雅闲淡，自成一家之体。今之秉笔者，谁能及之？”晚唐诗人司空图将韦应物与王维相提并论：“王右丞、韦苏州澄澹精致，格在其中。”

宋朝大才子苏轼对韦应物也甚是佩服：“发纤秾于简古，寄至味于淡泊，非余子所及也。”明人王世贞在《艺苑卮言》中将韦应物列为冠军：“韦左司平淡和雅，为元和之冠。”

更值得一提的是，韦应物的诗歌，或者说韦应物本人，时至今日仍时时被人传诵的最大原因，还在于他诗歌中一以贯之的“居官自省”的爱民思想。

作为地方官，作为朝廷赋役的执行者，他能在《观田家》悲悯地看到这些辛苦劳作的农民“仓禀无宿储，徭役犹未已”，本就已经不容易了。而他还要进一步地对自己作为“不耕者”感到羞惭——“方惭不耕者，禄食出闾里”，这就更加难得了。

不仅如此，他还在《寄李儋元锡》中感叹“邑有流亡愧俸钱”，觉得在自己的治理下还有百姓流亡，所以对不起朝廷每月发给自己的工资；在《答王郎中》中他“政拙愧斯人”，觉得自己拙于政事，导致增加了百姓负担，所以很是羞愧。

也就是说，他的“居官自省”，不是偶尔喊喊口号，而是一以贯之的真情流露；他不是偶尔矫情，而是在自己担任地方官的生涯之中，时时处处都在自省，处处时时都在自警，提醒自己仁政，提醒自己爱民。

他的那一句“邑有流亡愧俸钱”，明人胡震亨在《唐音癸签》中盛称“仁者之言”。

南宋大儒、同时也是诗人的朱熹，盛赞韦应物：“唐人仕宦多夸美州宅风土，此独谓‘身多疾病’、‘邑有流亡’，贤矣！”

韦应物，是一个树立了正确政绩观的唐朝地方官。

韦应物，是大唐帝国的良心。

## “不良少年”远去，“帝国良心”归来

按照正常发展，韦应物年少时，也应该是个品学兼优、勤奋上进的少年，然而，史实却让人大跌眼镜。

恰好相反的是，韦应物年少时，完全可以说是“不务正业”。

大约在开元二十五年（公元 737 年），韦应物出生于长安京兆杜陵显赫的韦氏家族。

韦氏在唐朝，世为三辅著姓，一贯有“城南韦杜，去天尺五”的说法。也就是说，长安城南的韦、杜两

大家族，距离皇帝、皇权的距离，也就一尺五左右。杜甫，就出身于“城南韦杜”中的那个“杜”，而韦应物，则出身于“城南韦杜”中的那个“韦”。

虽然到了韦应物的父祖辈，家道已经式微，但他仍然在14岁前后，以门荫资格，加上长得帅——“少壮、肩膊齐、仪容整美”，得补“三卫郎”，成为唐玄宗李隆基的侍卫之一。

所谓“三卫”，指负责侍卫皇帝的亲卫、勋卫、翊卫。韦应物的“三卫郎”一共做了五年，那可是相当风光的五年。

他当时的日常工作，是侍卫皇帝及嫔妃们，陪着祭祀、朝会、围猎甚至洗澡：“直入华清列御前”，“欢游洽宴多颁赐”。

史称，“韦苏州少时，以三卫郎事玄宗，豪纵不羁”。其实说“豪纵不羁”，还真的是替韦应物谦虚。他自己后来在《逢杨开府》一诗中，是这样具体描述的：“少事武皇帝，无赖恃恩私。身作里中横，家藏亡命儿。朝持樗蒲局，暮窃东邻姬。司隶不敢捕，立在白玉墀……一字都不识，饮酒肆顽痴。”具体来说，就是当年一个大字儿都不识的他，仗着自己是皇帝侍卫，欺男霸女，横行乡里，赌博喝酒，惹是生非。

那么，这样一个“不良少年”，是如何逆袭成为“帝国良心”的呢？

有史料说是“玄宗崩，始折节务读书”，只怕不确。唐玄宗李隆基死于宝应元年四月（公元762年），当时韦应物26岁，已经完成学业并且进入官场，身在河阳府从事任上了。

事实上，天宝十二载（公元753年），17岁的韦应物在做了五年皇帝侍卫之后，终于进入太学，开始读书了。韦应物自己也知道，自己读书晚，“读书事已晚，把笔学题诗”。

但他真正的逆袭，并不是从此时的读书开始的，而是在三年后爆发的“安史之乱”中开始的。

天宝十五载（公元756年）六月，长安陷落，唐玄宗李隆基逃往蜀地。当时身在太学的韦应物逃出长安，避居于武功宝意寺、梁州等地。

生在太平世，长在太平世的韦应物，此前从未见识过

战争的严酷。“渔阳鼙鼓动地来”，不仅“惊破霓裳羽衣曲”，也惊破了韦应物的少年迷梦。他就像一个做梦的孩子，被彻底惊醒了。后来他在诗中写道：“生长太平日，不知太平欢。今还洛阳中，感此方苦酸。”心境变化，可见一斑。

正是在武功宝意寺、梁州等地逃难期间，巨大的幻灭、巨大的打击，促使韦应物不断地思考和内省，他在太学读书的基础，为他的思考和内省提供了正确的方向指引。

就是在此时，就是在此地，“不良少年”远去，“帝国良心”归来。

此时的他，已完全变成了另外一个人。《唐语林》记载他“立性高洁，鲜食寡欲，所居焚香扫地而坐”。

唐肃宗乾元二年（公元 759 年），23 岁的韦应物再次出仕，被辟为河阳府从事，唐代宗广德元年（公元 763 年）冬，为洛阳丞。正是在洛阳丞任上，他因为惩办不法军士，“以扑抶军骑……见讼于东都留守”。受此挫折之后，他干脆辞官不做，闲居于洛阳同德寺。

此后，历河南府兵曹参军、京兆府功曹参军、摄高陵令、鄠县令、栎阳令、尚书比部员外郎，到建中三年（公元 782 年）夏，年已 46 岁的韦应物，出任正四品下的滁州刺史。

在滁州，首次出任州郡行政长官的韦应物，努力做一个合格的地方官。他“为郡访凋瘵”，走遍了辖区内的山山水水，这才有了写下《观田家》一诗的机会。

他惭愧自己是不耕者，生怕自己“政拙愧斯人”，于是长年累月地加班，“终朝亲簿书”，坚持简政养民，仁政爱民。在韦应物的治理下，三年之后的滁州，“州民自寡讼，养闲非政成”。

兴元元年（公元 784 年），韦应物的滁州刺史任满罢职，可是他却“昨日罢符竹，家贫遂留连”，甚至没有盘缠回长安。后来，他来到了写作《观田家》一诗的西涧，闲居了将近一年，等待朝廷新的任命。

韦应物一生居官，廉洁自律得让人诧异，也清贫自守得叫人心疼。

他生命中的最后一站，在苏州。贞元四年（公元 788 年）下半年，韦应物由朝廷左司郎中出任苏州刺史。

他在苏州的政绩，同样得到了史书的赞扬：“韦公以清德为唐人所重，天下号曰韦苏州，当贞元时为郡于此，人赖以安。”

贞元六年（公元 790 年）韦应物任满，又没有返回长安，而是寓居苏州永定寺。“聊租二顷田，方课子弟耕”，昨天还是刺史，今天就是农民了，而且还是自己没有地需要租地耕种的农民。

大约在第二年，“大唐帝国的良心”韦应物，就在 55 岁的年龄，告别人世，悄悄地去了。

韦应物为何在罢任之后，没有返回自己的家乡长安？当然还是因为穷。他自己在诗中写了：“家贫何由往，梦想在京城。”他是梦想着回到京城家乡的，可是却没有钱回去。其实，即使他有钱回到长安，老家也是既没人也没房。这一点，他的诗中也写了：“归无置锥地”，“家贫无旧业，薄宦各飘飏”。

他似乎一生都在租房子住，多次任满闲居，都是租房或寓居佛寺。罢洛阳丞后寓居同德精舍，罢京兆府功曹参军后寓居善福精舍，罢滁州刺史后租房闲居西涧，罢苏州刺史后寓居永定寺。

可资对比的是，白居易赋闲之后，位于洛阳履道坊的白府，占地 17 亩，相当于 9000 平方米；牛僧孺致仕之后，位于洛阳归仁坊的牛府，占据一坊之地，大约 474.6 亩地，即有 31.6 万平方米。

韦应物一生只有一个妻子。他与妻子结发二十年，清贫相守，患难相依，感情深厚。不幸的是，在大历十一年（公元 776 年）他 40 岁时，妻子撒手仙逝。妻子去后，韦应物终身未再续弦。

在以后的日子里，韦应物写下了《伤逝》《往富平伤怀》《出还》

《冬夜》等 19 首不同形式的悼亡诗，凄恻哀婉地深情怀念，那个一生都藏在自己心里最柔软地方的佳人。

韦应物一生，只有两个女儿。妻子早逝后，他就与两个女儿相依为命。大女儿出嫁杨家之时，韦应物应是考虑到自己官位不显，妻子又早逝，女儿嫁后娘家无何借恃，所以在《送杨氏女》一诗中，反复叮咛女儿，要谨守妇道，善事公婆："自小阙内训，事姑贻我忧""孝恭遵妇道，容止顺其猷"。

一面是叮咛，一面又是不舍："两别泣不休""别离在今晨，见尔当何秋"；回到家里一看，小女儿舍不得姐姐远嫁，一直在哭，"归来视幼女，零泪缘缨流"。

千年之后，我们再读《送杨氏女》，分明看到：一位慈爱的父亲，伫立大江边，向着远去的女儿挥手送别，慈爱满眼，热泪满眶。

## 万物苏醒的季节

"惊蛰"节气的到来，标志着仲春时节的开始。

"惊蛰"本叫"启蛰"。但是，等到汉朝的汉景帝登基时，大臣们尴尬地发现，"启"字犯了皇帝的名讳，因为汉景帝姓刘名启。于是大臣们避"启"改"惊"，"惊蛰"从此定名。

《夏小正》记载："正月启蛰。"《月令七十二候集解》中说："二月节，万物出乎震，震为雷，故曰惊蛰。是蛰虫惊而出走矣。"

"仲春之月，万物出乎震，震为雷，雷乃发声，蛰虫咸动，启户始出，故曰惊蛰。"

"蛰"是"藏"的意思，"惊蛰"，是指春雷乍响，惊醒了蛰伏在土中冬眠的动物。

惊蛰节气最典型的节气标志，就是乍响的春雷，也就是韦应物在《观田家》中说的“一雷惊蛰始”。农谚有云“惊蛰始雷，大地回春”。“惊蛰”以后，天气转暖，气温回升较快，长江流域大部地区已可以陆续听到滚滚的春雷之声。

韦应物在《观田家》中还说“耕种从此起”，确乎如此。“惊蛰”既是万物苏醒、大地回春的节气，也是春耕忙碌的时节。

每当惊蛰春耕时节，田家农民们虽然辛苦，但能够在绿草茵茵、桃花盛开，黄鹂鸟鸣叫、布谷鸟飞来的田园风光之中耕作，也算老天爷够意思，对劳动人民不薄。

# 春分

春分早报西南风，台风虫害有一宗

## 在东风轻拂下，耕牛也枕着落花睡去

这首诗的作者，是黎简。

黎简，是清朝乾嘉年间岭南广东的著名诗人。他与黄丹书、张锦芳、吕坚一起，并称“岭南四家”。史称他“足不逾岭”，而“名动海内”。

清乾隆四十二年（公元 1777 年）春分节气之后、寒食节日之前，世称“诗书画印”四绝的大才子，“岭南四家”之一的黎简，正在自己的家乡广东顺德，拜访“岭南四家”之二、同为顺德人的好友黄丹书。

在黄丹书的邀请下，是年 31 岁的黎简和当地的乡亲们一起，聚会欢饮。酒酣之后，写下了这首《村饮》。

### 村饮

村饮家家醵酒钱，竹枝篱外野棠边。
谷丝久倍寻常价，父老休谈少壮年。
细雨人归芳草晚，东风牛藉落花眠。
秧苗已长桑芽短，忙甚春分寒食天。

**村饮家家醵酒钱，竹枝篱外野棠边：**春分节气之后，寒食节日之前，在村口篱笆之外，竹林下，野棠边，家家户户都凑钱沽酒，欢呼聚饮。

**谷丝久倍寻常价，父老休谈少壮年：**酒席上，大家谈到稻谷、蚕丝的价格一直在涨。长此以往，怎么受得了？然后父老们就开始回忆康熙年间自己少壮时期的物价真是便宜，马上就有年轻人出来制止。休谈休谈，喝酒喝酒。

**细雨人归芳草晚，东风牛藉落花眠：**酒席在细雨蒙蒙之中结束了，人们纷纷回家了；在东风轻拂下，耕牛也枕着落花睡去了。

**秧苗已长桑芽短，忙甚春分寒食天：**秧苗已经插下了，正在生长，桑树才刚刚发芽，养蚕也还早，春分与寒食之间，正是乡亲们闲着没事喝酒的时候，忙什么忙？喝！

黎简喜欢美酒，也喜欢与乡村父老一起“村饮”。包括这次，他自己还曾多次参与“村饮”。

这个爱好，在他的诗中，也多有记录：“村南社饮村北归，花香酒痕沾布衣”（《纨绔儿》），“昨日微醉村酒归，隔邻一树红欹斜”（《石榴花叹》），“为语花村旧风土，春来花下醉无归”（《寄药房》）。

黎简要不是曾经坐在“村饮”的桌上，这首诗里的“谷丝久倍寻常价，父老休谈少壮年”席间生动细节，他是无论如何也写不出来的。

黎简一生，留下2191首诗，分为交游诗、田园诗、山水诗、题画诗四大类。《村饮》就是他的一首田园诗。

黎简在诗歌方面的成就，得到清朝众多学者的赞许。清朝藏书家、学者王昶盛赞他为当时岭南诗人之冠；清朝经学家、文学家洪亮吉表示：“余于近日诗人，独取岭南黎简及云间姚椿，以其能拔戟自成一家耳。”

《清史·黎简传》对其诗的评价，堪称盖棺之论：“其诗由山谷入杜，而取炼于大谢，取劲于昌黎，取幽于长吉，取艳于玉溪，取瘦于东野，取僻于阆仙，锤焉凿焉，雕焉琢焉，于是成为其二樵之诗。”

黎简，既是一位著名画家，还是广东绘画史上第一位在本土画坛成名，继而在全国产生影响的画家。后世的岭南画派，视其为先驱。

他的山水画，融入了他自身对岭南物候的感受，展现出了鲜明的岭南地域特色：他大胆运用苍劲淋漓的笔墨，描绘个人记忆中的岭南风景；还将本土树种木棉

画进了青绿山水，创造出“碧嶂红棉”的画题。黎简以自己的创作和努力，促进了广东山水画传统的形成。

据《广东通志》载，其“画直造元四家堂奥”，《顺德县志》则称“其画由倪吴直窥董巨”。黎简还在世时，画作就已出名，“求书画者趾相接”；甚至还有人为了牟利而制作他的假画而售卖，“其生前已有赝其书画者”。他知道后怜其生计，并未深究。

在书法方面，黎简的隶书秀劲舒放，纵横跌宕，堪称一绝；在篆刻方面，他的作品淳厚苍雄，自成面目。

然而，就是这样一位人称“诗书画印”四绝的多面手、大才子黎简，长期以来没有得到中国文学史应有的重视。

## 岭南才子拒见“诗坛领袖”

乾隆十二年（公元 1747 年）五月十三日，黎简生于广西南宁。

黎简出身于书香门第。他的曾祖父黎秉忠和祖父黎超然，都是监生。父亲黎晴山也是能诗的读书人，但已经改行从商，到广西南宁经营米业。所以，祖籍在广东顺德的黎简，出生于广西南宁。

黎简“十龄能赋诗属文，稍长博综群书，常操纸笔，独游峦洞间，遇胜处辄留题”。少年时期的黎简，曾随父亲游览桂林山水，西入云贵，北游湘鄂。20 岁时，黎简回到家乡顺德，与同郡处士梁若谷的长女梁雪成婚，婚后四年生长女黎琼。乾隆三十六年（公元 1771 年）秋，黎简又到广西省亲，侍奉生母，直到 27 岁那年才奉生母雷氏一起再回广东。

从此，黎简的足迹，再未出广东。他“足不逾岭”的说法，就由此而来。

乾隆四十一年（公元 1776 年），黎简为了谋生，开始在广州西郊陈氏百尺楼授徒教学。在此前后，曾作《城西杂诗》，其中佳句传诵一时，他的诗名就此开始传播。

当时，广州著名诗人张锦芳特别欣赏黎简的诗，并引见黄丹书给黎简认识，玉成二人成为终生挚友。这才有了第二年黎简拜访黄丹书，并且写下《村饮》一诗的机缘。

乾隆四十三年（公元 1778 年），学政李调元视学广东，激赏黎简的《拟昌黎石鼎联句》诗：“惊为奇绝，取置第一，补弟子员。”

乾隆五十四年（公元 1789 年），又一任广东学政关槐将黎简选拔为贡生，“关晋轩督学吾粤，先生受知，选拔为贡生”。至此，黎简获得了去北京参加考试的资格，只要考中进士，便可授予官职。

然而，黎简就此止步了。面对朋友们的多次劝说，无意仕进的黎简赋诗“南箕吾已不能扬，南橘生宜窜此乡”，以“南箕”和“南橘”自喻，毫不犹豫地谢绝了朋友们的好意。

清人袁洁在《蠡庄诗话》中记载了黎简参加科举考试的一则逸事，试图揭示黎简一生无心科举仕进的原因：“广东拔贡黎简简民，才情骏发，狂率不羁。入乡闱时，以搜检太严，慨然曰：‘未试以文，而先以不肖之心待之，吾不愿也！’遂掷笔篮而去，从此不复应试。”

此事恐怕不确。一是据史料记载，黎简曾于乾隆三十八年（公元 1773 年）在顺德应过县试，未闻掷篮而去之事；二是在科举舞弊愈演愈烈的当年，搜检太严是必须的，不能说是有辱斯文之举。若把黎简终身归隐的原因，归结于如此小事，未免太小瞧他了。

换句话说，他并非受了什么刺激而归隐，而是本来就立志于隐，矢志于隐，从不以功名为念，甘愿过着自食其力的清贫生活，靠当塾师及卖文卖画的收入来维持生活。终其一生，黎简都是清朝中叶的盛世隐士。

但是，黎简虽然避仕，却并不避世。他的隐逸，不是那种远离尘世、离尘脱俗、不问世事、不入人间的隐逸。恰恰相反，他从未脱离社会和现实，从不逃避矛盾，从未游离于世俗之外，他一直与社会保持着密切而广泛的联系，对现实生活始终关注，对社会阴暗面有着深刻的体察，对民生疾苦更有着深刻的体味。否则，他怎么可能写出《村饮》这首诗来？

黎简颇有狂名，他自己也曾经自号“狂简”。“意稍不合，虽巨金必挥去，缘是有狂名。”他干过最狂的一件事，是拒绝与袁枚见面。

乾隆四十九年（公元 1784 年）四月，当时已有“诗坛领袖”之称，年届七十的袁枚由赣至粤，亲自登门求见，黎简竟然将袁枚拒之门外。更狂的是，黎简还写信直接责骂袁枚“看其诗与人品，皆卑鄙不堪”，悍然宣布“我立行，自信与彼大径庭”。

牛，太牛了。

黎简与妻子梁雪情深意笃。但是梁雪体弱多病，就在黎简拒见袁枚的同年同月，于二十一日病故。黎简悲痛万分，以自己所铸“长毋相忘”的铜印及所书八分《心经》为殉。

此后，他为妻子写下多首悼亡之作，包括《述哀一百韵》《不眠》等。其中一首《二月十三夜梦于邕江上》写道：“一度花时两梦之，一回无语一相思。相思坟上种红豆，豆熟打坟知不知？”诗中引用情人相恋时的红豆典故来悼念亡妻，别具一番缠绵悱恻、深情哀婉，也可见诗人之至情至性。

自嘉庆三年（公元 1798 年）起，黎简就“气病时作”，经常卧病在床，又因家贫，“药钱常不足”。嘉庆四年（公元 1799 年）十一月七日，黎简病卒，年仅 53 岁。

## 消失的社日节

春分，古时又称为“日中”“日夜分”“仲春之月”。

《月令七十二候集解》载：“二月中，分者半也，此当九十日之半，故谓之分。”董仲舒《春秋繁露》：“至于仲春之月，阳在正东，阴在正西，谓之春分。春分者，阴阳相半也，故昼夜均而寒暑平。”

也就是说，“春分”的“分”有两个含义：一是一天时间白天黑夜平分，各为 12 小时，平分了昼夜；二是春分正好在春季三个月的中间，平分了春季。

春分节气，也是历朝历代的皇帝，在自己都城的东郊，举行祭日典礼的日子。所以，《礼记》说“祭日于坛”“祭日于东”。

唐朝的朝日坛，“广四丈，高八尺”，在皇帝祭日时用青

犊作为祭品。

春分节气前后，在我国古代，还要过一个今天已经消失的但却传承达千年之久的盛大节日——社日节。

社日节，源于三代，兴于秦汉，传承于魏晋南北朝，兴盛于唐宋，衰微于元明清。

社日起源于中华民族祖先对于土地的崇拜。《说文》:“社，地主也”;《礼记·郊特牲》：“社，祭土”，所以“社”就是“土神”。社日节，顾名思义是以祭祀土神活动为中心内容的节日。

周朝的社日节只有一个，时间就确定在春分节气前后的仲春之月。这个时间的选择，体现了古人的智慧：仲春之月，阳气发动，万物萌生，自然是祭祀土神的时机，符合土神的自然属性。

秦汉时期，出现了两个社日节：为适应春祈秋报的需要，形成了春社与秋社两个社日，“春祭社以祈膏雨，望五谷丰熟；秋祭社以百谷丰稔，所以报功”。春社时间一般在立春后第五个戊日，即春分节气前后；秋社时间一般在立秋后第五个戊日，即秋分节气前后。

与此同时，出现了官社与民社的区别。官社的社祀，隆重庄严，祭品丰厚；民社的社祀，则简朴随意，就是祭祀之后拉开桌子喝酒。

唐宋是社日节的全盛时期。老百姓在社日节这一天的欢乐，也成为唐宋社会富庶太平的标志之一。

唐宋的社日节，是一个热闹程度超越了中秋节、重阳节，且全民参与的节日。妇女们来了，“今朝社日停针线，起向朱樱树下行”；小朋友们也来了，“太平处处是优场，社日儿童喜欲狂”。

然后大家一起祭神，吃社肉，喝社酒，欢声笑语，“春醪酒共饮，野老暮相哗”。这一天，无论男女老少，都是可以喝醉的：“桑柘影斜春社散，家家扶得醉人归”，“村村社鼓隔溪闻，赛祀归来客半醺”。

到了黎简所在的清朝，虽然社日节已日渐消失，但在春分节气前后的聚会喝酒，似乎还是按照惯例继续举行着。这才有了黎简的这首《村饮》。

# 清明

清明前后一场雨，
好似秀才中了举。

## 我和白居易相约去春游

唐元和四年（公元809年）的清明节气当天，时任“监察御史、充剑南东川详覆使”的大诗人元稹，正在出使东川的出差途中。

所谓“东川”，是指剑南东川节度使的驻地——梓州（四川三台）。当时，剑南东川节度使的辖区，主要在四川盆地的中东部，大致包括重庆、三台、中江、安岳、遂宁等地。

从头衔都可以看出来，元稹这趟出差，可是名副其实的钦差大臣。他的目的地，正是梓州；他的主要任务，就是调查泸州监军任敬仲贪污一案。

元稹是三月七日从长安出发的。在路上走了十多天，在清明节这天行至汉江上游时，忽然想起往年自己在这个时候正在悠哉游哉地春游，可今年却在途中风尘仆仆地赶路，这个差别，也忒大了。

于是，他提笔写下了这首《使东川·清明日》：

**使东川·清明日**

常年寒食好风轻，触处相随取次行。
今日清明汉江上，一身骑马县官迎。

**常年寒食好风轻，触处相随取次行：** 往年寒食节气的时候，在微风的吹拂下，我和白居易等人约在一起，一个接一个地骑马出去春游。

元稹此诗，还有一个自注：“行至汉上，忆与乐天、知退、杓直、拒非、顺之辈同游”。

其中的“乐天”就是他最好的好朋友白居易，“知退”就是白居易的弟弟白行简，“杓直”是李建，“拒非”是李复礼，“顺之”是庾敬休。元稹这两句诗，是回忆当年六人一起在寒食节出去春游的情景。

**今日清明汉江上，一身骑马县官迎：**今年清明日，只剩下我一个人出使东川，接受县官们的迎接。

《使东川·清明日》，是元稹这次出差途中所写的诗集《东川卷》中的一首。





## 元稹打下唐朝“大老虎”

写下这首《使东川·清明日》的时候，元稹正处于一生中最风光的时刻。

他是在元和四年（公元 809 年）二月，丁母忧服除之后，授官为正八品上的监察御史的。在唐朝，这是一个负责“分察百僚，巡按郡县，纠视刑狱，肃整朝仪”的官儿。别看级别只有八品，可是权力大：“御史为风霜之任，弹纠不法，百僚震恐，官之雄峻，莫之比焉。”

唐朝的县官，即使是最低等级的下县县令，也是比监察御史高的从七品下的级别。但是，见到元稹，都得乖乖的。监察御史、查案大臣，哪个县官胆边生毛，还敢说自己级别高，还敢不去迎接我们元大御史？所以元稹在《使东川·清明日》中得意地写道：“一身骑马县官迎。”

长安距离梓州，有 932 公里的路程。在当时的交通条件下，元稹即使是走驿道前往，也是颇为辛苦的。因此，元稹这趟出差，长安的朋友们非常牵挂他。

谁是最牵挂元稹的人呢？当然是白居易。元白二人，就这样你担忧我，我牵挂你，于是就发生了神奇的一幕。

三月二十一日，梁州汉川驿。出差的元稹，在此写下《使东川·梁州梦》诗："梦君同绕曲江头，也向慈恩院院游。亭吏呼人排去马，所惊身在古梁州。"并且注释说："是夜宿汉川驿，梦与杓直、乐天同游曲江，兼入慈恩寺诸院。"

三月二十一日，长安。没有出差的李建李杓直、白居易、白行简三人，真的在游曲江，还真的去了慈恩寺！这天晚上，三人在一起喝酒。喝着喝着，白居易忽然停杯不饮，说："今天元稹应该到达梁州了"，并挥笔写下"忽忆故人天际去，计程今日到梁州"！

元稹是三月一日接到敕令，"充剑南东川详覆使"，专程前来查办任敬仲贪污一案的。这才有了元稹的这次风光东川之行，这才有了写下《使东川·清明日》的契机。

为了时任泸州监军的任敬仲而出差千里，在元稹的心中，是颇不以为然的。这么个"小苍蝇"，哪里值得自己这样劳师千里、兴师动众？所以他在《使东川·百牢关》里自嘲"自笑只缘任敬仲，等闲身度百牢关"，并且加注释说："奉使推小吏任敬仲"。"小吏"，也就是"小苍蝇"的意思。

此时的元稹当然想不到，自己此行查办贪污，只是为了拍个"小苍蝇"而来，哪知道最后竟然打了一只"大老虎"。

"大老虎"是谁？就是时任剑南东川节度使的严砺。

在查处"小苍蝇"任敬仲的同时，拔出萝卜带出泥——元稹发现了严砺的贪污线索。在元稹的穷追猛打之下，最终发现了严砺的贪污事实。

"严砺擅籍没管内将士、官吏、百姓及前资寄住涂山甫等八十八户庄宅，共一百二十二所，奴婢共二十七人"，即严砺霸占了122处住房和27个女人；"严砺又于管内诸州，元和二年两税钱外，加配百姓草共四十一万四千八百六十七束，每束重一十一斤"，即严砺贪污了4563537斤草；"严砺又于梓、遂两州，元和二年两税外，加征钱共七千贯文，米共五千石"，即严砺贪污了7000贯钱和5000石米。

更叫人触目惊心的是，不仅剑南东川节度使严砺本人涉案，严砺的多位部下如东川判官度支副使崔廷、东川观察判官卢诩、东川节度判官裴俐也涉案。剑南东川节度使下属 12 个州的刺史，8 人深度涉案。

元稹意识到，这是一起自从大唐建立以来罕见的腐败窝案。该案牵涉范围之广、涉案官员级别之高、贪污数额之大、百姓受害之深，都为生平所仅见。

元稹在把案情全部调查清楚之后，写下了著名的《弹奏剑南东川节度观察处置等使严砺文》，要求皇帝严肃查办此案。

此案首犯剑南东川节度使严砺运气好，在元稹到达梓州之前就病死了。元稹要求对其进行终生追责，“谥以丑名，削其褒赠”。

其余涉案的各州刺史，则分别受到了贬官、降级、罚款的处分。比如泸州刺史刘文翼贬崖州澄迈县尉；荣州刺史陈当贬罗州吴川县尉，由地州级的一把手“断崖式”降级为偏远县的警察局局长，处分还是很重的。

元稹这次在剑南东川查处腐败窝案，特别是发还了老百姓被贪官们非法占有的钱物，为自己赢得了巨大声誉，史称“名动三川”。

并且，“三川人慕之，其后多以公姓字名其子”。估计一时之间，剑南东川出现了很多名叫“稹”或名叫“微之”的幼儿。





## 肃穆与欢乐：唐朝清明的两种情感氛围

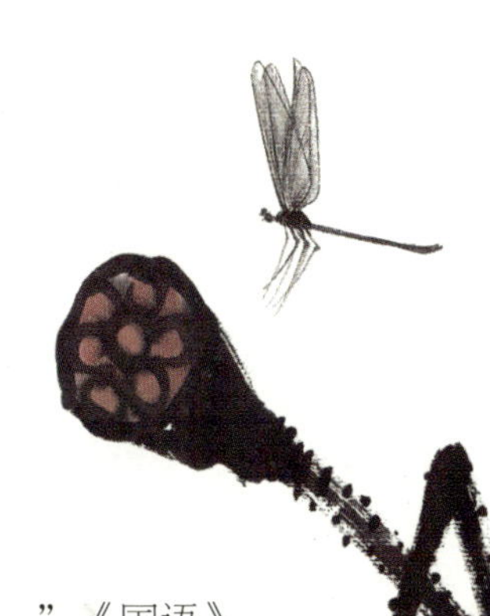

“清明”一词作为节气，最早见于我国古籍《逸周书》。《逸周书·周月解》载：“应春三月中气，惊蛰、春分、清明。”《逸周书·时训》又载：“清明之日，桐始华。”

《淮南子》载：“春分后十五日，斗指乙，则清明风至。”《国语》解释说：“时有八风，历独指清明风为三月节，此风属巽故也，万物齐乎巽，物至此时皆以洁齐而清明矣。”

“春分后十五日，斗指丁，为清明，时万物皆洁齐而清明，盖时当气清景明，万物皆显，因此得名。”

《岁时百问》则说“万物生长此时，皆清洁而明净。故谓之清明”。

清明节气一到，气温大幅升高，正是春耕春种的大好时节，故有“清明前后，种瓜点豆”之说。

在二十四节气之中，既是节气又是节日的，只有清明。

明人刘侗、于奕正的《帝京景物略》记录了明朝的清明节是如何度过的：

“三月清明日，男女扫墓，担提尊榼，轿马后挂楮锭，粲粲然满道也。拜者、酹者、哭者、为墓除草添土者，焚楮锭次，以纸钱置坟头。望中无纸钱，则孤坟矣。哭罢，不归也，趋芳树，择园圃，列坐尽醉。”

基本上已经等同于我们今天过清明节熟悉的“扫墓 + 踏青 + 宴饮”模式。换句话说，明朝人过的，已是清明节日，而非清明节气。

所谓节气，只是物候变化、时令顺序的标志；所谓节日，则包含着一定的风俗活动或纪念意义。两者的区别，是显而易见的。

史料表明，在唐朝之前，“清明”一直作为二十四节气中的一个而存在着，起着指导农业生产的作用；唐朝以后，才与上巳节、寒食节互相融合，从而形成了一个全新的清明节日。

至于具体的融合过程和变身方式，则相对复杂一些，先列个公式吧。

**清明节日 = 上巳节日 + 寒食节日 + 清明节气**

先说上巳节。

上巳节，即三月的第一个巳日。这个节日最早形成于周朝及春秋时期，最早见于文字是在《后汉书·礼仪志》。

上巳节的主要活动，是水边祓禊、招魂续魄、祈子禳灾及男女在水边交友相会。所谓“祓禊”就是到水中洗个澡，以祓除过去一年中的污渍与秽气。

秦汉时期的上巳节，除了上述“祓禊”节俗外，朝廷官方还经常举行盛大宴会；到了魏晋时期，上巳节已固定于每年的“三月初三”，节俗则增加了“野外踏青、走马骑射、曲水流觞、饮宴吟咏”等内容。

“天下第一行书”《兰亭集序》，就是诞生于上巳节。当时是东晋永和九年（公元 353 年）的上巳节，王羲之与谢安、孙绰等一起过节，所以《兰亭集序》中提到了“修禊”“流觞曲水”“一觞一咏”等上巳节的节日习俗。

上巳节在唐朝达到鼎盛，其节日习俗也已完全演变成为踏青游玩、临水宴饮的娱乐内容。

心情好的时候，唐朝皇帝还会在长安曲江举行节日宴会，宴请文武百官，白居易就曾荣幸地参加过上巳节宴会，留下了《上巳日恩赐曲江宴会即事》一诗。

然而从宋朝起，上巳节就衰弱了。但是上巳节的春天踏青、宴饮的节日习俗，却被留下了。

再说寒食节。

寒食节，一般是指冬至后的一百零五日，所以又称为“百五节”或“一百五”。

寒食节的起源，至今有两种说法：一是学术界认为，寒食节起源于周朝的“改火”之制；二是民间认为，寒食节起源于纪念春秋时的介子推。学术界的说法，自然是正宗说法。

为什么已经有了火，还要“灭旧火、生新火”地“改火”？

具体原因，《隋书·王劭传》说得清楚：“臣谨案《周官》，四时变火，以救时疾。明火不数变，时疾必兴。”古人相信，多年使用的旧火如果不灭掉更新，必会引发瘟疫等疾病。

怎么“改火”呢？《周书·月令》有更火之文。“春取榆柳之火，夏取枣杏之火，季夏取桑柘之火，秋取柞楢之火，冬取槐檀之火。一年之中，钻火各异木，故曰改火也。”

唐朝没有这么复杂，而是将“改火”的普遍原理跟本朝的具体实际相结合，规定寒食清明之时“改火”，一年一次，大家方便。

“灭旧火”，就只能吃冷的熟食，即寒食节；“生新火”，就在清明日。据《辇

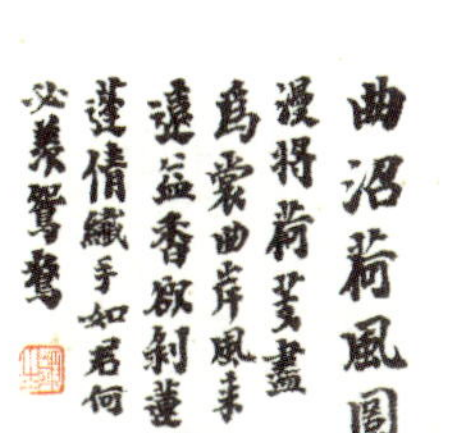


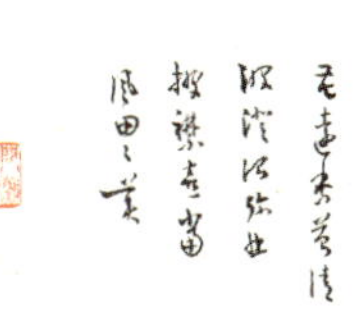

下岁时记》载：“至清明，尚食内园官小儿于殿前钻火，先得火者进上，赐绢三匹，金碗一口。”然后，皇帝将这从“榆柳”之上钻木取火而得到的新火，赐给大臣们，谓之“赐新火”。

《全唐文》中，就留有白居易的《清明谢赐火状》和谢观的《清明日恩赐百官新火赋》；《全唐诗》中，史延、韩浚、郑辕、王濯等人更是留下了多首《清明日赐百僚新火》为题的诗。

除了“改火”之外，唐朝寒食节的节俗，还增加了一项重要内容：扫墓祭祖。

从唐玄宗李隆基开元二十年（公元 732 年）四月二十四日的敕旨来看，寒食节扫墓祭祖，兴起于民间，由此开始得到了官方承认：

**“寒食上墓，礼经无文。近世相传，浸以成俗。士庶有不合庙享，何以用展孝思？宜许上墓，拜埽申礼，于茔南门外奠祭，撤馔讫，泣辞，食馔任于他处，不得作乐。仍编入五礼，永为常式。”**

官方不仅承认，还专门放了假，让大家有时间去扫墓祭祖。开元二十四年（公元 736 年）二月十一日敕：“寒食、清明，四日为假。”大历十三年（公元 778 年）二月十五日敕：“自今已后，寒食通清明，休假五日。”贞元六年（公元 790 年）三月九日敕：“寒食清明，宜准元日节，前后各给三日。”假期给得越来越长了。

三看清明节气。

清明节气，每年的日期是固定的。这一点非常重要，奠定了清明节气统一上巳节日和寒食节日的基础。

在唐朝，清明节气不再是一个反映气候变化的时序标记，不再是一个指导农事活动的经验坐标，而正式地成为了一个节日。

五代时期王仁裕的《开元天宝遗事》记载了清明时节长安人出游的场景：“长安士女游春野步，遇名花则设席藉草，以红裙递相插挂，以为宴幄。”唐人陈鸿祖写的《贾昌传》也记载：“清明节，士开宴集于曲江亭。既撤馔，则移乐泛舟，又有月灯阁

打球之会。”

元稹的这首《使东川·清明日》回忆的，“触处相随取次行”，也是自己在长安时，跟白居易等人一起出去玩的情景。总之，唐人在清明节气，就是吃喝玩乐。

据《唐会要》，到了唐朝大历十二年（公元 777 年）二月十五日，朝廷颁布敕令：“自今以后，寒食同清明。”这是官方明文规定，寒食与清明要融合发展了。

三者融合的过程中，清明节气的日子固定而且唯一的特点，成就了以清明融合上巳、寒食的趋势。道理很简单：上巳节在三月的第一个巳日，不好记；寒食节在冬至后的一百零五日，也不好记。而要成为全国大众都喜闻乐见的大型节日，日子必须固定而且唯一，这样才好记。

回到前面那个公式：

**清明节日＝上巳节日（踏青宴饮）＋寒食节日（扫墓祭祖）＋清明节气（固定日期）**

正因如此，从唐朝开始，清明就兼具了扫墓祭祖中的肃穆和踏青宴饮中的欢乐这两种截然不同的情感氛围。

换句话说，清明节时，在扫墓祭祖活动中，该肃穆要肃穆，该哭要哭；在踏青宴饮活动中，该欢乐要欢乐，该笑要笑。据《唐会要》记载，唐朝就有人在扫墓祭祖时，没有丝毫悲伤肃穆的神情，招致朝廷的官方批评：“寒食上墓，复为欢乐，坐对松槚，曾无戚容。”

为此，唐朝官方曾多次要求大家在扫墓祭祖时严肃点儿。唐玄宗李隆基就曾特地于开元二十九年（公元 741 年）下敕规定：“寒食上墓，便为燕乐者，见任官典不考前资，殿三年。白身人决一顿。”

# 谷雨

谷雨栽上红薯秧，
一棵能收一大筐。

## 观采茶作歌

前日采茶我不喜，率缘供览官经理。今日采茶我爱观，吴民生计勤自然。
云栖取近跋山路，都非吏备清跸处。无事回避出采茶，相将男妇实劳劬。
嫩荚新芽细拨挑，趁忙谷雨临明朝。雨前价贵雨后贱，民艰触目陈鸣镳。
由来贵诚不贵伪，嗟哉老幼赴时意。敝衣粝食曾不敷，龙团凤饼真无味。

## 今天的采茶朕很爱看

好诗，实在是好诗。毕竟并非所有人都敢把“我不喜”“我爱观”这样的白话写在诗里。至于诗的作者，身份更是尊贵：他就是“诗人里面最会当皇帝，皇帝里面最会作诗词”的乾隆皇帝。

乾隆二十二年（公元 1757 年）谷雨节气之前，第二次南巡的乾隆来到杭州，在前往云栖寺的途中，观看茶农采茶、制茶的过程，并作《观采茶作歌》诗一首。

**前日采茶我不喜，率缘供览官经理：**前天观看采茶朕并不高兴，因为那都是官员们安排好了给我看的。

**今日采茶我爱观，吴民生计勤自然：**今天采茶朕就很爱看，因为能够看到茶农的真实生活情况。

**云栖取近跋山路，都非吏备清跸处：**这次朕特地走了一条靠近云栖寺山边的小路，避开了那些肃静回避、戒严警跸的地方。

**无事回避出采茶，相将男妇实劳劬：**这样朕才能看到，茶农们无须回避只顾采茶的情景，男男女女的茶农们都很辛苦。

**嫩荚新芽细拨挑，趁忙谷雨临明朝：** 他们要赶在谷雨节气之前，仔细采摘鲜嫩的茶叶。

**雨前价贵雨后贱，民艰触目陈鸣镳：** 雨前茶价格贵，雨后茶价格便宜；茶农们生活艰难的真实情况，朕驻马在此看到之后，触目惊心。

从这两句诗来看，上次官员们安排的那次采茶，茶农们肯定穿着华贵、精神饱满、红光满面，而与现在乾隆看到的情况大相径庭。

**由来贵诚不贵伪，嗟哉老幼赴时意：** 从来就是以诚实为贵，而以作伪为耻；朕不禁感叹这些茶农比那些官员还要深知这一点。

其实在第一次南巡时，他就对地方官员的接待工作很不满意。但直到第二次南巡结束之后才说出来：“今岁南巡……地方有司较前更为熟练，比之乾隆十六年生手初办大相径庭。”



乾隆还是大人有大量的，第一次南巡“生手初办”，接待工作搞得不好，他没有当场发作。而是在第二次南巡之后，官员们的接待工作得到改进才说。



**敝衣粝食曾不敷，龙团凤饼真无味：** 看到茶农们如此辛苦还只能破衣粗食，朕就是喝着“龙团凤饼”这样的顶级贡茶，都感觉没有味道啊。

作为封建王朝的皇帝，乾隆最后这两句诗，无论是否发自内心，也都相当不容易了。

乾隆这里提到的“龙团凤饼”，起源于北宋，历来就是奢华贡茶、顶级贡茶的代名词。虽然乾隆诗里说的是龙井茶，但是“龙团凤饼”一开始并非指产于浙江的龙井茶，而是指产于福建建州的“建茶”。

北宋年间“龙团凤饼”的奢华程度，欧阳修的《归田录》中有记录可以证明：“茶之品莫贵于龙凤，谓之‘小团’，凡廿八片重一斤，其价值金二两，然金可有而茶不可得。每因南郊、致斋，中书、枢密院各赐一饼，四人分之。宫舍往往镂金花其上，盖其贵重如此。”

乾隆在此时此地，眼中看到的是浙江的龙井茶，

手中写出的却是奢华的福建“龙团凤饼”。

乾隆一生共留下了 42613 首诗，这个数量，大致相当于《全唐诗》的收诗总量。换句话说，乾隆皇帝一个人，把唐朝几千个诗人的活儿全干了。

仅就数量而言，乾隆是当之无愧的“写诗冠军”，他个人对此也颇为得意。嘉庆三年（公元 1798 年），也就是在他逝世的前一年，87 岁的他如此说道：“予以望九之年，所积篇什，几与全唐一代诗人篇什相埒，可不谓艺林佳话乎？”

行，您老人家高兴就好。

## 六下江南：乾隆皇帝的“自驾游”

写下这首《观采茶作歌》时，乾隆正处于第二次南巡之中。

乾隆二十二年（公元 1757 年），他正是这年正月十一日从北京出发的。从北京出发后，渡黄河至天妃闸，阅木龙；抵苏州后，和皇太后临视织造机房；在杭州阅水操；回銮时绕道江宁，祭明太祖陵；然后经运河北上，阅视洪泽湖、徐州、徐家集、荆山桥、韩庄闸等处河工；北上至曲阜，祭奠孔子；四月二十六日回到圆明园。

第二次南巡，一共历时 105 天。

乾隆后来在《御制南巡记》中说：“予临御五十年，凡举二大事，一曰西师，一曰南巡。”可见南巡这事儿在乾隆心目中的重要程度。

公平地说，乾隆南巡还是干了几件正经事儿的。

察看河工，治理黄河水患，是乾隆南巡的第一目的。他自己说，“南巡之事，莫大于河工”。为了深入了解黄河水患的关键工程，他的前五次南巡，都亲至清口、高家堰察看。只有最后一次南巡因年事已高，未能亲临现场。

就在写下《观采茶作歌》的第二次南巡时，乾隆还专程前往徐州，规划黄河徐州段的修堤防汛事宜。当时，他先命河臣白钟山、张师载、嵇璜、高晋等人前往勘察，随后又亲临现场察看。

对于徐州城已有石堤，他下令“应加帮以培其势”；对于土堤，则下令“应接筑以重其防”。此后的第三次、第四次南巡，乾隆又两次前来察看黄河徐州段，命令将添筑的石堤全部加高至 17 层，加长达 35 公里。

“河湖要工所关尤巨，一切应浚应筑，奏牍批答，自不如亲临相度，得以随处指示也。”亲临现场，总胜于纸上谈兵，乾隆的这一见解，无疑是高明的。

在浙江，定策修筑海塘，也是乾隆南巡的又一个重大成果。

海塘历来就有柴塘、石塘的争议。从名称就可以看出，柴塘是用柴和土修筑，花费较少，但防汛能力差；石塘则是用条石修筑，花费巨大，又须征用民田，但一劳永逸。

乾隆于二十七年（公元 1762 年）亲临海宁，了解实际情况之后，决定采取“前期改进柴塘，后期逐步增修石塘”的办法，进行海塘建设。乾隆面对这一争议已久的棘手问题，最后决定的这一办法，既不轻易征用民田，又不鲁莽上马大工程，非常务实，也非常内行。

乾隆前后四次阅视海塘工程，并且这项浩大工程最终能在乾隆手上完工，切实发挥保护江南富庶之区的作用，他南巡时的定策之功，值得一记。因为换了别人，既不可能做出如此务实的决策，也不可能做出如此昂贵的决策。清史学家孟森为此称赞乾隆“持之二十余年不懈，竟于一朝亲告成功。享国之久，谋国之勤，此皆清世帝王可光史册之事”。

当然，乾隆六下江南，也有“艳羡江南，乘兴南游”、游山玩水的因素。这点不可否认，也不必否认。

事实上，他的每一次南巡，都相当于我们现在的“自驾游”，当然，是“顶级奢华自驾游”。

他自带交通工具：如走陆路骑马，上驷院御马 20 匹就带在身边；如走水路坐船，仅供他使用的御舟就有安福舻、翔凤艇等五艘。御舟由掌管漕粮收贮的仓场衙门监造、保管，极尽奢华。杭州西湖等地，则由地方官另行置备御舟。

大臣每人给马 5 匹，章京侍卫官员每人给马 3 匹，护军、紧要执事人员每人给马 2 匹，太监、拜唐阿等二人三马或一人一马，如此共需动用马 5000 ~ 6000 匹。还需要雇用骡马车 400 辆，动用骆驼 700 ~ 800 匹，以驮载扎营使用的黄布城、蒙古包及茶膳房用具等。

大臣的乘船，按品级每人配备 2 艘或 1 艘，或者两人 1 艘。每次需要征用船只 400 ~ 500 艘。

每天陆路约走五六十里，水路约走八九十里。经过的道路，皆泼水清尘，石桥石道皆用黄土铺垫，水路码头则铺棕毯；有的水陆路，还专门修有副路、副河、副桥，供办差人员和运送物资使用。

他自带顶级厨子和食材：茶房用来产奶的乳牛 75 头，膳房可供食用的羊 1000 只、牛 300 头，均提前从北京运至沿途各地。

每天由北京或地方供应冰块和泉水：在直隶用玉泉山泉水；在山东则将就用一下济南珍珠泉水；在江苏将就用一下镇江金山泉水；在浙江将就用一下杭州虎跑泉水。

乾隆三十年（公元 1765 年）二月初八日的晚膳，正在第四次南巡的乾隆，因为在路上，吃得比较家常和简单：莲子火熏鸭子、火熏葱椒肘子、肥鸡脍豆腐、蒸肥鸡晾狍肉攒盘、荤素馅包子、枣尔糕老米面糕、象眼棋饼小馒首、总督尹继善进江米酿鸭子、燕窝炖白菜、鸡丝葫芦条、酒炖肉、上传春笋爆炒鸡、家常饼、银葵花盒小菜、银碟小菜、花椒酱、粳米膳、野鸭汤。

至于巡幸各处，地方官员进献山珍海味，那是必须的。这个菜单里面，就有懂事的总督尹继善所进献的“江米酿鸭子”。

他自带一级警卫：銮驾启动前，早有兵部官员和地方大员，先行到所过州县城内稽查清道；巡幸的船队行进时，岸上也有官员骑马沿河行走，以备随时差遣；御舟用拉纤河兵 3600 人，分六班轮值；沿岸的支港河汊、桥头村口，都安设围站，派有兵丁守护，以防意外。

他自带微型政府：南巡之时，御前大臣、领侍卫内大臣随侍，批本奏事处、军机处、侍卫处、内阁兵部官员等也跟随着。同时，兵部在沿途设站，备有快马驰送奏章，防止皇帝陛下与帝国失去联系。

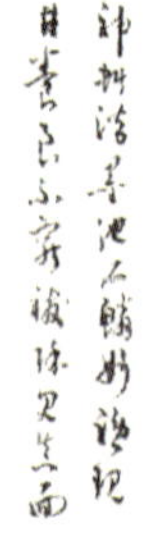

他还自建五星级宾馆：南巡途中历年陆续兴建行宫30处，行宫由官员管理；在没有建行宫的地方，就搭黄布城和蒙古包住宿；每隔二三十里设尖营，作为临时停跸的地方；在御舟住宿时，水上搭黄布水城，并备有四方帐房，遇有风浪或居住不便时可上岸住宿。

随从人员的住宿，每到一地就征用400 ~ 500间民房，按品级分“福禄寿”三等居住。

他的行程安排丰富：每到一地，就有人进呈方舆图说、古迹单，还附有历史沿革、地理位置、人文风俗、古人题咏、本朝事迹的详细说明。基本上，比我们现在旅行社还要专业。

除了巡视河工、阅兵等正常行程之外，当然还安排了西湖等著名景点的游玩行程。这首《观采茶作歌》，就是他在前往旅游景点云栖寺的途中所作的。

到第六次南巡结束时，75岁的乾隆终于恋恋不舍地写诗表示：“六度南巡止，他年梦寐游。”

乾隆当了太上皇以后，终于对自己的“顶级奢华自驾游”表示出愧疚。据《清史稿·吴熊光传》记载：“臣从前侍皇上谒太上皇帝，蒙谕：‘朕临御六十年，并无失德。惟六次南巡，劳民伤财，作无益，害有益。将来皇帝如南巡，而汝不阻止，必无以对朕。’”

这是担任直隶总督的吴熊光对嘉庆皇帝说的话，想必他也没有这个胆子捏造如此重要的太上皇圣谕。如此看来，乾隆最终还是想明白了。

## 谷雨茶：一年之中茶的最佳品

谷雨，是春季的最后一个节气。谷雨谷雨，“雨生百谷”也。

《月令七十二候集解》载：“三月中，自雨水后，土膏脉动，今又雨其谷于水也……盖谷以此时播种，自下而上也。”

《二如亭群芳谱》载：“谷雨，谷得雨而生也。”《通纬》：“清明后十五日，斗指辰，为谷雨，三月中，言雨生百谷清净明洁也。”

谷雨节气，也是国色天香的牡丹花盛开的时节。所以，牡丹花又叫“谷雨花”。

牡丹最早的文字记载见于东汉，原产于我国西部、北部地区及秦岭一带。古人对牡丹的最初认识，是它的药用价值：“丹州延州以西及褒斜道中最多，与荆棘无异，土人取以为薪，其根入药尤妙。”

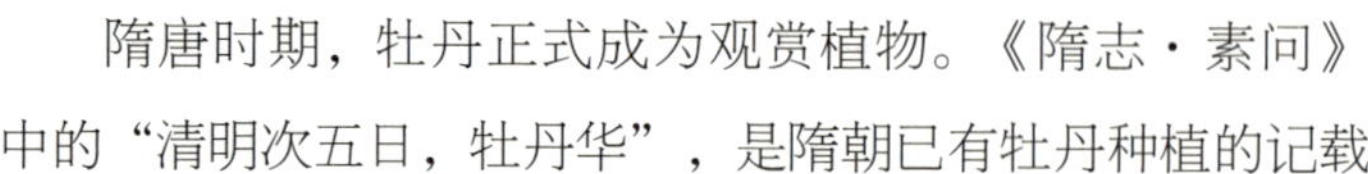

隋唐时期，牡丹正式成为观赏植物。《隋志·素问》中的“清明次五日，牡丹华”，是隋朝已有牡丹种植的记载。

谷雨时节，除了“谷雨花”，还有“谷雨茶”。

清明节气到谷雨时气之间，所采摘的新茶，叫作“谷雨茶”，是一年之中茶的最佳品。

明朝的人，最重“谷雨茶”。屠隆在《考槃余事》中说，采茶“不必太细，细则芽初萌而味欠足。不必太青，青则茶已老而味欠嫩。须在谷雨前后，觅成梗带叶微绿色，而团且厚者为上”。

许次纾的《茶疏》指出：“清明太早，立夏太迟，谷雨前后，其时适中。”张源的《茶录》进一步细分：“采茶之候，贵及其时。太早则味不全，迟则神散。以谷雨前五日为上，后五日次之，再五日又次之。”

为什么唐宋重“明前茶”而明清至今则重“谷雨茶”？

这恐怕与不同时代的饮茶方式有关。唐朝是煎茶法，是把碾成细末的茶粉煎煮之后，连茶粉一起喝掉；宋朝是点茶法，是把碾成细末的茶粉放入碗中，用开水冲了之后，连茶粉一起喝掉。乾隆这首诗中提到的北宋“龙团凤饼”，当时能够上升为顶级奢侈品，也与宋人的这种饮茶方式有关。

唐宋这两种饮茶方式，规避了“明前茶”茶味较淡的特点；相反，如果用茶味较浓的“谷雨茶”，喝掉茶粉时就会觉得苦涩。所以，唐宋重“明前茶”。

到了明朝，人们的饮茶方式已跟我们今天一样。今天这种只饮茶汤不吃茶叶的方式，当然会觉得“明前茶”味道偏淡，而“谷雨茶”恰到好处了。

谷雨节气到了，赶紧去品品“谷雨茶”，看看“谷雨花”吧。

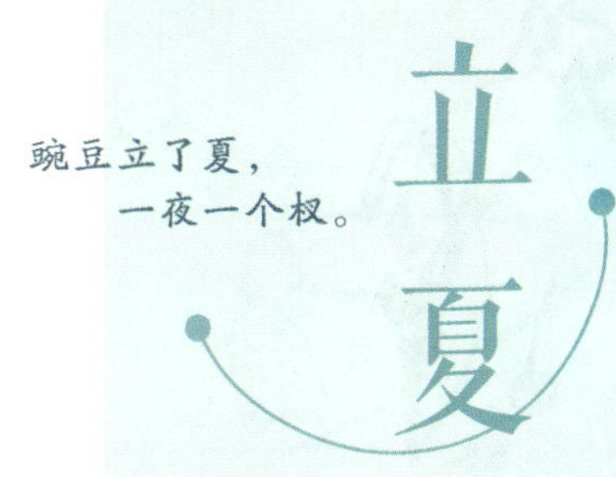


## 立夏

赤帜插城扉，东君整驾归。
泥新巢燕闹，花尽蜜蜂稀。
槐柳阴初密，帘栊暑尚微。
日斜汤沐罢，熟练试单衣。

### 春尽花落，燕子归来

这是南宋开禧二年（公元 1206 年）立夏当天，著名爱国诗人陆游在自己的家乡越州山阴（浙江绍兴）写下的一首关于立夏节气的诗。

**赤帜插城扉，东君整驾归：**当城门插上红色旗帜的时候，春天就结束了，身为司春之神的东君，也是时候备好车马，要启程归去了。

“东君”，又称“青帝”“勾芒”，是传说中的司春之神、东方大神，守望春天的春神，也是主管农事的神。

陆游第一句诗的意思是说，立夏标志着春天结束，所以到了立夏这天，主管春天的神“东君”就要脚踏两条蛇，回到自己的住地去了。要等到明年春天，他才会再次降临人间。

**泥新巢燕闹，花尽蜜蜂稀：**燕子衔来新泥垒积成巢，叽叽喳喳地叫着；春尽花落，蜜蜂也变得稀少了起来。

**槐柳阴初密，帘栊暑尚微：**炎热的夏日在槐树和柳树之间，留下了日渐浓郁稠密的树荫，只有少量的暑气才能够通过窗帘进入室内，让人感受到夏天的气息。

**日斜汤沐罢，熟练试单衣：**日落之时，诗人沐浴完毕，换上了夏日的单薄衣服，准备迎接即将到来的炎夏。

写下这首《立夏》时，陆游已是 82 岁高龄。

## 宋朝主战派的风雨兼程，全部付诸东流

从整首诗来看，陆游写《立夏》时的心情，那是相当不错。

让陆游在生命倒计时的日子里，还深感高兴和鼓舞的，就是南宋史上备受争议的“开禧北伐”。

陆游一生，总共经历了南宋王朝的三次北伐。

第一次是岳飞主持的“绍兴北伐”。

宋室南渡以后，北伐夺回中原、洗雪靖康之耻的呼声，从未断绝。南宋朝廷的第一次正式北伐，是在公元 1140 年由著名将领岳飞主持的“绍兴北伐”。众所周知，这次北伐由于投降派秦桧的阻挠，在捷报频传、形势大好的情况下，功败垂成，痛失好局。

“绍兴北伐”之时，陆游还小，最多只能在旁围观。

第二次是张浚主持的“隆兴北伐”。

陆游热情支持、深度参与了“隆兴北伐”。不仅因为他与“隆兴北伐”的主持者、“右丞相督视江淮兵马”张浚颇有“世谊”，还因为他当时已经 40 岁，正当壮年，而且已经就任镇江府通判，是正宗的朝廷命官，理应为北伐大业做出贡献。

陆游“力说张浚用兵，颇思对恢复大业有所献替”，然而不久，北伐失败，张浚病死，陆游也被朝廷追究主战责任，免职回乡闲居。

“隆兴北伐”失败以后，宋金双方达成了“隆兴和议”。从那以后，宋金之间已有 40 年未见刀兵了。

“绍兴北伐”时，陆游还小；“隆兴北伐”时，陆游又时运不济，一番辛苦付诸东流，丢官闲居；这一次，陆游终于在自己的垂暮之年，在自己生命倒计时的日子，迎来了新一次的“开禧北伐”，他能不高兴吗？

可是，对于陆游而言，兆头不妙的是："开禧北伐"的实际主持者，是韩侂胄。这是一个被写入了《宋史·奸臣传》的人物，他和万俟卨、丁大全、贾似道这样的大奸臣一起，合在一个列传。但韩侂胄是否真的这样大奸大恶，还真值得商榷。

无论如何，在一生主战的陆游和辛弃疾看来，至少主持"开禧北伐"时的韩侂胄，不能算是大奸臣。这两位同样矢志收复中原的热血文人，都在自己的垂暮之年，热情支持了"开禧北伐"，热情支持了韩侂胄，还不惜冒着"丧失晚节"的骂名。

辛弃疾比起陆游而言，相对年轻一些，在开禧二年才67岁。所以他在"开禧北伐"时不顾年迈，力疾从征，先后担任绍兴知府、镇江知府、枢密都承旨等职。可就在开禧三年秋，辛弃疾病重，以致卧床不起。当年九月初十，辛弃疾带着忧愤的心情和爱国之心离开人世，临终前仍大呼："杀贼！杀贼！"可以说，辛弃疾把自己的生命，都献给了"开禧北伐"。

在陆游、辛弃疾等主战派的支持之下，就在开禧二年的五月，宋宁宗正式下诏北伐，宋军同时在西线、中线和东线开始进攻。

闲居家乡的陆游，在北伐好消息的鼓舞之下，除了《立夏》一诗，他同时还写就了《初夏闲居》《观邸报感怀》《雨夜》《夏夜》《感中原旧事戏作》等诸多诗篇，热情拥护北伐，记录当时战况，歌颂抗金义举。同时，陆游还感慨自己"老不能从"，不能像辛弃疾一样参加北伐，为国驰骋疆场。

南宋选择在此时进行"开禧北伐"，可以说是时机正好。因为对面的金国正处于金章宗完颜璟的统治后期，国势已日益衰落。

一是金国也面临着比南宋更加强大的外敌入侵。西夏分别于1190年、1191年两次入侵，蒙古也于1205年正月和十月两次入侵，战乱频仍，边关震动。

二是金国也面临着内部反叛的威胁。"明昌五年正月，大通节度使爱王大辨据五国城以叛"，"自爱王叛后，北兵连年深入，加以荒旱，所在盗贼"。

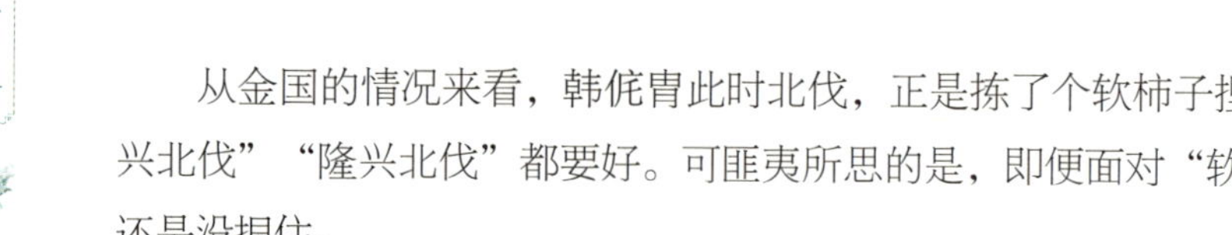

从金国的情况来看，韩侂胄此时北伐，正是拣了个软柿子捏，形势比“绍兴北伐”“隆兴北伐”都要好。可匪夷所思的是，即便面对“软柿子”，韩侂胄还是没捏住。

先是韩侂胄选定的西线主帅吴曦掉了链子。他和金人暗中交易，求金人封他为蜀王，导致西线战略要地和尚原、方山原、秦州相继沦陷；接着，宋军在东线和中线也连吃败仗，一败于宿州，再败于寿州、唐州。进入十月，金军开始分九路南下，转入反攻，信阳、襄阳、随州、应城、孝感、徐州、真州等地相继沦陷，东南大震。

短短一年不到，由宋军主动发起的北伐，就打成了胶着状态。这哪里是宋军北伐，简直就是宋金两军互相攻伐，而且宋军还落了下风。一手造成这一被动局面的，当然还是韩侂胄本人。正是他，在准备严重不足的情况下，视军国大事如同儿戏，贸然北伐。

北伐开始之后，宋军刚刚遭遇一点小挫折，韩侂胄就开始惊慌失措、进退失据，居然授意身在前线的邱崈，着手与金人议和。可是，金人议和的条件却极为苛刻：要韩侂胄的人头，还要增加岁币。韩侂胄这才大怒，又一次改变主意，准备再度整兵出战。

可历史再也不会给韩侂胄表演的机会了。不久，他就遭到了以史弥远为首的南宋朝廷投降派的卑鄙暗杀。

开禧三年（公元 1207 年）十一月三日，中军统制、权管殿前司公事夏震等在史弥远的指使下，于韩侂胄上朝时突然袭击，将他截至玉津园夹墙内害死，并真的割下了他的头颅，函送金国，以作为议和条件。同时，全部接受金国提出的其他议和条件：增岁币为三十万，犒师银（赔款）三百万两。

至此，陆游热切盼望的“开禧北伐”，彻底失败。

北伐失败，和议达成，投降派当然要清算主战派的责任。而对于退休闲居、年逾八十、来日无多，仅仅只是在口头上、诗文中支持过韩侂胄北伐的陆游，投降派也“明察秋毫”，没有放过。

嘉定二年（公元 1209 年）是陆游生命中的最后一年。在这年春季，陆游遭到言官弹劾，“以此得罪，遂落次对太中大夫致仕”，被剥夺了本就不大丰厚的退休待遇。

好在陆游也不需要了。当年十二月二十九日，悲愤的陆游留下千古名篇《示儿》之后，就此逝去。

从开禧二年（公元 1206 年）《立夏》开始，到嘉定二年（公元 1209 年）《示儿》结束，从支持“开禧北伐”开始到被清算北伐责任结束，从 82 岁到 85 岁，短短三年里，陆游经历了一次从政治生命到自然生命的“回光返照”。

写下《立夏》时，陆游很从容——“日斜汤沐罢”，很闲适——“熟练试单衣”。写下《示儿》时，陆游却很遗憾——“但悲不见九州同”，却又并未绝望——“王师北定中原日，家祭无忘告乃翁”。

可惜的是，永远也不会有“王师北定中原日”了。

在陆游逝后 70 年——公元 1279 年，赵宋王朝在厓山，迎来了自己的最后时刻。另一个名叫陆秀夫的主战派，以背着大宋最后一位皇帝蹈海而死的方式，保住了自己和大宋最后的尊严。

至此，陆游和辛弃疾，包括岳飞、张浚、韩侂胄在内，宋朝一代又一代主战派的风雨兼程和呕心沥血，全部付诸东流。





## 四月减重，是古人今人的共识

立，建也，始也；夏，假也，大也。斗指东南，维为立夏。一年中的夏天，由此正式开始。

立夏之时，土地宽假万物，助其蓬勃生长，万物至此皆长大；立夏之时，温度升高，炎夏将临，雷雨增多，农作物进入生长旺季。

《礼记·月令》记载：“立夏之日，天子亲帅三公九卿大夫以迎夏于南郊。”《后汉书·礼仪志》也记载：“迎夏于南郊，祭赤帝祝融，车旗服饰皆赤。”

司春之神，是“青帝”，又称“东君”“勾芒”；司夏之神，则变成了“赤帝”，又称“祝融”。迎接“赤帝”“祝融”，就是著名的迎夏仪式。

这个迎夏，仪式感倒是很强，问题是古代只有天子和高官才有资格干这个事儿。到了今天，如果你亲自跑到南郊，趋拜如仪地搞个迎夏，不明真相的民众们不把你当神经病抓起来才怪。

作为普通老百姓，我们倒是可以从一些农事活动中，获得立夏节气的仪式感：

一是尝三鲜。立夏前后，已有不少水果、农作物抢先成熟，所以民间历来就有“立夏尝三鲜”之说。由于地域不同，各地又有不同版本的“立夏三鲜”。一般而言，分为“地三鲜”“树三鲜”“水三鲜”三种。

“地三鲜”是指从地里生长出来的三鲜，一般指蚕豆、苋菜、蒜苗；“树三鲜”是指从树上生长出来的三鲜，一般指樱桃、枇杷、杏子；“水三鲜”是指从江河生长出来的三鲜，一般指螺蛳、河豚、鲥鱼。

如今，“地三鲜”“树三鲜”都还好找；“水三鲜”中的螺蛳也还勉强可寻；河豚因为已经人工养殖，只要敢于冒着生命危险尝鲜，也可以吃到；但随着生态环境的变化，名列“长江三鲜”的鲥鱼，包括刀鱼，已接近消失的边缘，不可能轻易吃到了。

有的地方，还有吃“立夏饭”和“立夏蛋”的风俗。“立夏饭”由赤豆、黄豆、黑豆、青豆、绿豆等五色豆拌和粳米煮就，“立夏蛋”则用新茶或胡桃壳煮成。对于“立夏蛋”，还要用彩线编织蛋套，挂在小朋友的胸前，以供他跟小伙伴们“斗蛋”之用。

白石老人作

二是吃冷饮。至少在明清时期，北京紫禁城里一直上演着“立夏日启冰”的仪式。皇帝会在立夏这一天，命令朝廷掌管冰政的凌官，把去年冬天窖藏的冰块启封，切割分开，赐给文武大臣。有关考证表明，其实这一习俗起源更早，甚至可以追溯到两宋时期。

三是称体重。这一习俗主要流行于中国南方地区。清人秦荣光在《上海县竹枝词》中写道：“立夏秤人轻重数，秤悬梁上笑喧闺。”

传说这一习俗起源于三国时期的“阿斗”刘禅。

一说是刘备死后，诸葛亮把他的儿子刘禅交给赵子龙送往江东，并拜托其后妈——已回娘家的吴国孙夫人抚养。那天正是立夏，孙夫人当着赵子龙的面给刘禅称了体重，并且讲明来年立夏再称一次，看体重增加多少，再写信向诸葛亮汇报，以示她未曾虐待继子。由此，形成民间立夏习俗。

此说法只怕不确。据《三国志·蜀书》，刘备死于章武三年（公元 223 年）夏四月，五月，“后主袭位于成都，时年十七”。

首先，刘备死时，刘禅年已 17 岁，已无须后妈照顾生活起居；其次，正如正史所书，刘备一死，蜀汉就急需刘禅继位登基，他哪里还有可能以一国继承者的身份再入东吴?

再看另一说。说是晋朝司马昭攻灭蜀汉以后，恐原属蜀汉的臣民不服，所以善待被俘虏的后主刘禅，封他为安乐公。刘禅受封那天，正是立夏，司马昭当着一批跟到洛阳的蜀汉降臣之面给刘禅称了体重，并表示以后每年立夏再称一次，保证刘禅年年体重不减，以示未受虐待。

这一说法，也不靠谱。《三国志・蜀书》载有刘禅被册封为安乐公的圣旨原文，开头就说：“惟景元五年三月丁亥，皇帝临轩，使太常嘉命刘禅为安乐县公。”

据此，册封刘禅为安乐公的时间，是在三月丁亥，不是在四月立夏。而三月里只有“清明”“谷雨”两个节气，绝对不可能有“立夏”节气。所以，立夏称体重这一习俗，只怕要另找源头。

其实，也不用再找源头了，如今网上不是早有“四月不减肥，五月徒伤悲”的说法吗？可见四月称体重准备减肥，是古人今人的共识。

无论古人今人，都要抓住四月这最后的时机，审视自身，调整体重。以免五月夏天来临之际，在“熟练试单衣”之时，痛苦地发现“此肉无计可消除”。

# 小满

小满后，芒种前，
麦田串上粮油棉。

## 归田园四时乐春夏二首（其二）

南风原头吹百草，草木丛深茅舍小。麦穗初齐稚子娇，桑叶正肥蚕食饱。
老翁但喜岁年熟，饷妇安知时节好。野棠梨密啼晚莺，海石榴红啭山鸟。
田家此乐知者谁？我独知之归不早。乞身当及强健时，顾我蹉跎已衰老。

## 可惜我知行不一，没能早一点归隐田园

这是描写小满节气的古诗中，最为著名的一首。其作者也颇为有名，正是欧阳修。

**南风原头吹百草，草木丛深茅舍小：**夏天的南风吹拂着原上的野草，在草木丛深之处，可以看到小小的茅舍。

**麦穗初齐稚子娇，桑叶正肥蚕食饱：**已经抽齐的嫩绿麦穗，在微风中摇摆，宛如稚子一样娇憨可爱，正当肥美的桑叶可供春蚕们吃个饱。

**老翁但喜岁年熟，饷妇安知时节好：**农家老翁只关心一年的收成，操劳的主妇也不知道这个时节田园风光的美好。

**野棠梨密啼晚莺，海石榴红啭山鸟：**黄莺还在野棠梨林中啼叫，山中的鸟儿也在红石榴林间婉转地歌唱。

**田家此乐知者谁？我独知之归不早：**谁是最知道这种田园之乐的人？就是我。可惜我知行不一，没能早一点归隐田园。

**乞身当及强健时，顾我蹉跎已衰老：**现在看来，归

隐田园还是要趁着身体强健时才好啊；可是看看现在，岁月蹉跎，我已经老了。

欧阳修此诗，属于典型的宋朝“四时田园诗”。

“四时田园诗”，由被誉为宋诗“开山祖师”的梅尧臣开创。宋仁宗天圣九年（公元 1031 年），梅尧臣创作了《田家四时》一组诗，分春、夏、秋、冬四个时段，描绘了田家在不同季节的典型生活，由此开宋诗一代风气之先。

“四时田园诗”，多描写田家春耕、夏织、秋收、冬闲的劳动生活，衬以不同的季节背景，如同一幅幅田园生活画，别有一番质朴风味。

既然欧阳修此诗属于“四时田园诗”，诗题《归田园四时乐春夏二首》（其二）中也明确提及“四时乐”，可见“其一”写的应是春时乐，“其二”是夏时乐；推测“其三”和“其四”，自然应该是秋时乐和冬时乐。

可是，我找遍欧阳修老爷子留下的全集、年谱，就是没有发现《归田园四时乐秋冬二首》。

既然诗名“四时乐”，为何又只写有春夏“二首”？

原来，问题还是出在梅尧臣那儿。梅尧臣是欧阳修的好朋友，两人合称“欧梅”。他俩一生，诗歌唱和逾 30 年，你唱我和的诗歌总数，就达到了 148 首之多。这首诗也是一样：《归田园四时乐春夏二首》是欧阳修所唱，《续永叔归田乐秋冬二首》是梅尧臣和的。两人合在一起写的这四首诗，又形成一组新的“四时田园诗”，构成一卷新的四时田园图。

宋诗之中，类似的“四时田园诗”还有很多，例如郭祥正的《田家四时》、贺铸的《和崔若拙四时田家词四首》等。诗人们或以《田家四时》命题赋诗，或以此为主题彼此唱和，创造了宋朝田园诗中的一道独特风景。





## 决绝归隐背后：政敌向他射出最毒的一箭

从《归田园四时乐春夏二首》（其二）全诗来看，大诗人欧阳修于小满时节，在南风吹拂，百草茂盛，“麦穗初齐”，“桑叶正肥”的田园风光之中，陶醉了。

可是，别看欧阳修在诗中把田园风光写得画面感十足，其实此时此刻，他诗中描写的画面，全是想象。因为他写诗之时，身在大宋王朝的首都开封城中。

写诗时，正值宋仁宗嘉祐三年（公元 1058 年）的小满节气。

此时 52 岁的欧阳修，时任“右谏议大夫、知制诰、史馆修撰、充翰林学士，刊修《唐书》、兼判秘阁秘书省”。从这一连串的光鲜头衔中，特别是颇具含金量的负责起草圣旨的“知制诰”中，我们可以看出，欧阳修此时正处于仕途的上升期。不久以后，他又将“兼龙图阁学士、权知开封府、兼畿内劝农使”。

事实上，从写诗时起直到宋神宗熙宁四年（公元 1071 年）致仕退休的十四年间，欧阳修正处于一生的仕途鼎盛期。此后他历礼部侍郎、枢密院副使，嘉祐六年（公元 1061 年）更是高居“参知政事”这样的副宰相之职。

身为官场中人，欧阳修怎么会想归隐成为田园中人？身为开封的城里人，欧阳修怎么会想成为农村的乡下人？环境如此优渥，仕途如此通达，欧阳修怎么还会在诗中写到自己最知田园之乐，说到自己应该趁身体健康时早点退休？

其实，只要深入了解一下欧阳修的仕途经历，设身处地站在欧阳修的立场上，考虑一下他当时面临的官场处境，我们就可以得出结论来。

首先，欧阳修想归隐，是真心的，而且，他还真的做到了。

他的正常退休年龄是 70 岁。但他在宋神宗熙宁四年（公元 1071 年）七月仅 65 岁时，就致仕归隐了。

他是“蓄谋已久”的。早在写下《归田园四时乐春夏二首》透露归隐之志的八年之前——皇祐二年（公元 1050 年），欧阳修 44 岁时，他就约上了好友梅尧臣，一起在颍州买田，作为将来归隐田园之处。

治平四年（公元 1067 年）他在 61 岁到达“参知政事”副宰相高位，正宰相之位唾手可得时，欧阳修却坚决求去，得以外放，“除观文殿学士，转刑部尚书，知亳州”，迈出了他最终归隐田园的关键一步。

熙宁三年（公元 1070 年），“公初有太原之命，令赴阙朝见。中外之望，皆谓朝

廷方虚相位以待公。公六上章，坚辞不拜，而请知蔡州，天下莫不叹公之高节”，欧阳修又一次拒绝了正宰相的任命。

在此过程中，他不断请求致仕，“公在亳，年甫六十，表致仕者六，不从。至蔡而请益坚，卒不能夺公志，其勇退如此”。史称欧阳修此举，“近古数百年所未尝有，天下士大夫仰望惊叹”。

他的同僚们也纷纷表示佩服。北宋名臣韩琦推崇“公之进退，远迈前贤”，北宋大改革家王安石称赞“功成名就，不居而去，其出处进退，又庶乎英魄灵气，不随异物腐散，而长在乎箕山之侧于颍水之湄”。

是什么让欧阳修如此决绝、如此执着地要求离开官场、归隐田园？

不仅在于田园之乐他深知，还在于官场之险他深味。

从天圣八年（公元 1030 年）“授将仕郎，试秘书省校书郎，充西京留守推官”开始，到熙宁四年（公元 1071 年）致仕归隐结束，欧阳修为大宋朝廷工作了 40 年。

而在嘉祐三年（公元 1058 年）写下《归田园四时乐春夏二首》之前，他的仕途并不平坦，曾两遭贬谪。景祐三年（公元 1036 年）一贬夷陵，七年之后方才召还京师；庆历五年（公元 1045 年）再贬滁州，先后徙知扬州、颍州、应天府，又是辗转十年之后才召还京师。

人生有几个十七年？多年的贬谪生涯，多年的官场险恶，至少已经部分地消磨了欧阳修的壮志。所以，他才有了颍州买田，为日后归隐早早打下基础的举动。

写下《归田园四时乐春夏二首》之后，他在皇帝的信任之下一路高升，虽然“求去”之志不减，到底还是“顾我蹉跎已衰老”，因而有点犹豫了。直到他的政敌们在治平四年（公元 1067 年），向他射出了最毒的一箭。

这就是著名的“长媳案”。这年二月，御史彭思永、蒋之奇上书，诬陷欧阳修“有帷薄之丑”，与自己的长媳吴氏吴春燕有暧昧关系，政见之争就此演变成了人身攻击。

“长媳案”爆发后，身心受到极大伤害的欧阳修 9 次上书皇帝，要求彻查此案，还自己以清白。宋神宗也深知欧阳修的政治处境，主持了正义，在诬告者拿不出证据的情况下，严厉惩处了彭思永、蒋之奇。

在这一事件中，尤让欧阳修感到伤心的是，直接诬告他的蒋之奇，是他的门生。既是他一手录取的进士，也是他一手提拔的御史；而在背后支持蒋之奇诬告在先，之后又直接上书攻讦欧阳修为“豺狼”“奸邪”，说他“以枉道悦人主，以近利负先帝”的范纯仁，又是他生平好友范仲淹的亲生儿子。

范纯仁攻击欧阳修倒也无可指摘。我爹跟你好，我就一定会跟你好？

但蒋之奇值得拿出来说说。科举时代，文人最看重座师与门生的这层关系。道理很简单，你作为一介贫寒举子，“十年寒窗无人问”，是谁让你“一举成名天下知”的？是科举考试时的座师啊。

略举一例吧。看看白居易是怎么做的？白居易参加科举时，由时任礼部侍郎的座师高郢录取。从那一天开始，白居易终身感恩。直到白居易老了退休了，高郢也已作古多年了，白居易还嫌自己对座师及其后人报恩不够，还在写诗提醒自己：“还有一条遗恨事，高家门馆未酬恩。”

对比白居易，蒋之奇作为门生，面对人生路上提拔过自己的恩师，不仅没有感恩之心，而且在没有证据的情况下，带头跳出来诬告恩师，这事儿干得相当下作。查之宋史，蒋之奇在史上居然还有着清官能吏的名声。但就凭他诬告恩师这一下作的失德行为，他再有才干，也是小人一个。

接着说回欧阳修。

作为座师，被门生诬告；作为父辈，被子侄攻击。治平四年的这支毒箭，终于深深地射伤了欧阳修，“壮志销磨都已尽”，也进一步坚定了他归隐求去的决心，“壮志销尽忆闲处”。

“长媳案”平息后的次月，即治平四年（公元 1067 年）三月，欧阳修放弃副宰相的高位，开始归隐生活。

而且，欧阳修“上马即知无返日”，从此绝尘而去，再未回头。

欧阳修是对的。如此门生，如此官场，如此京师，如此朝廷，留之何益？

当然，欧阳修如此决绝地要求归隐，还有一个原因，正是他在诗中所写的“已衰老”，即有身体衰老的原因。

欧阳修年少时由于家境贫寒，曾经极度缺乏营养，加上他后来刻苦攻读，导致身体羸弱，还曾在诗中自嘲说“握臂如枝骨”。

天圣八年（公元 1030 年），24 岁的欧阳修到京师参加科举考试，考官晏殊看着正当青春年少的他，却是“目眊瘦弱少年”。

明道二年（公元 1033 年），欧阳修与谢绛、尹洙等人到嵩山游玩，27 岁的他年龄“最少”，身体却“最疲”，可见年纪轻轻就已体力不支。

景祐四年（公元 1037 年），刚刚 30 岁出头的欧阳修，竟然已经“客思病来生白发”。

自 43 岁起，欧阳修就患有严重的眼病，而且经常发作，影响读书写字：“两目昏暗，多年旧疾，气晕侵蚀，积日转深，视瞻恍惚，数步之外，不辨人物。”

59 岁起，欧阳修又患上了糖尿病：“自治平二年已来，遽得痟渴，四肢瘦削，脚膝尤甚，行步拜起，乘骑鞍马，近益艰难。”

本来身体就不是一般的弱，再加上眼病和糖尿病的双重折磨，这样的身体状态，也容不得欧阳修长时间、高强度地在官场上打拼了；只有归隐田园，才是自全长寿之道。

正如他在诗中所说的，他真的应该“乞身当及强健时”，不该心存归隐田园之志，却一直蹉跎未成的。

等到他终于下定决心归隐之后，身体却又垮了，无法再享受田园之乐。熙宁五年（公元 1072 年）七月，在归隐刚满一年之时，欧阳修病逝。

他的得意门生苏轼“苏东坡”，对于老师急流勇退，是相当欣赏的：“轼受知最深，闻道有自。虽外为天下惜老成之去，而私喜明哲得保身之全。”

但是，作为欧阳修门下“受知最深，闻道有自”的学生，苏东坡对于老师一退即生命终结，未能“乞身当及强健时”，又是相当惋惜的。

在这个方面，苏东坡的偶像不是自己的老师欧阳修，而是唐朝的白居易。他在《醉白堂记》中，如此地艳羡白居易：“乞身于强健之时，退居十有五年，日与其朋友赋诗饮酒，尽山水园池之乐，府有余帛，廪有余粟，而家有声伎之奉。”

在他看来，白居易一生中最聪明之处，就是“乞身于强健之时”。自己的老师认识到了这一点，却没能做到这一点。所以，欧阳修的学生苏东坡，却是一生伏首拜乐天。

## 寻找小满的仪式感，不是个容易事儿

“斗指甲为小满，万物长于此少得盈满，麦至此方小满而未全熟，故名也”；“四月中，小满者，物至于此小得盈满”。

小满有三候：一候苦菜秀，二候靡草死，三候麦秋至。

小满节气的仪式感，来自于两祭。一是“祭三神”，二是“祭蚕神”。

“祭三神”是指祭祀掌管“牛车、水车、纺车”神灵的仪式。每年“小满”前后，是民间动用“牛车、水车、纺车”的时间。在动用之前，举行“祭三神”的仪式，希望在动用“牛车、水车、纺车”之后，风调雨顺，今年能有个好收成。

“祭蚕神”则是指祭祀蚕神的仪式。传说“小满”节气是蚕神的生日，而且“小满”又是幼蚕孵出、桑叶生长的重要时间节点，因此要祭祀蚕神，也有祈愿当年丰衣足食的意思。

今天，在我们的日常生活中，牛车、水车、纺车，甚至包括春蚕，都已经离我们越来越远了。我们要寻找“小满”节气的仪式感，还真不是个容易事儿。

# 芒种

芒种端午前，处处有荒田。

## 插秧

令序当芒种，农家插莳天。倏分行整整，停看影芊芊。力合闻歌发，栽齐听鼓前。一朝千顷遍，长日正如年。

### 最不可能插秧的人写下的《插秧》诗

芒种是插秧的节气。这首诗所描写的，正是农家在芒种前后插秧的情景。而写下这首《插秧》诗的作者，却是当时天底下最不可能插秧的一个人。

谁？爱新觉罗·胤禛。

跟他不熟？清朝康熙皇帝的四儿子，雍亲王胤禛。

还跟他不熟？后来的雍正皇帝，也就是乾隆皇帝他爸爸。

**令序当芒种，农家插莳天：**时令到了芒种节气，正是农家插秧的时间。

**倏分行整整，停看影芊芊：**不一会儿，插下的秧苗就分出了整整齐齐的行列，伫立一看，只见一片茂盛景象。

**力合闻歌发，栽齐听鼓前：**大家以歌声为号，齐心协力地干活，在收工的鼓声响起之前，田里已经插满了秧苗。

**一朝千顷遍，长日正如年：**眼下正是一年中白昼最长的时候，按照这个干活劲头，我们一天可以插遍千顷稻田。

爱新觉罗·胤禛此诗，内容写的是插秧。包括这首《插秧》在内，类似表现农家耕作的诗，他一共写了 23 首，并且一一对应耕田过程中的某一个劳动片断。

23 首诗串联起来，包括了从泡种、插秧到犁田、灌溉，再到收稻穗、过筛子、入米仓，最后祭神等，整个就是耕种水稻的完整流程。

除了耕作的23首诗，胤禛还就纺织的完整流程，写了《浴蚕》《采桑》《择茧》《织》《裁衣》等另外23首诗。

其实，胤禛此次诗兴大发，是因为以上耕和织的每一个劳动环节都有配图。他是针对这些配图，写的这46首诗。每一幅图配一首诗，总共46幅图46首诗，称为《耕图二十三首》和《织图二十三首》，合称“耕织图诗”。大致上，相当于我们曾经看过的小人书、连环画。

《插秧》，就是《耕图二十三首》中的第十首诗。

从《插秧》诗中，我们还可以看出，胤禛这位爷，写诗爱用叠字。比如，“倏分行整整，停看影芊芊”中的“整整”和“芊芊”。

其实，不仅《插秧》诗，胤禛在“耕织图诗”的46首诗中，一共运用叠字达到了50次之多！比如《耖》中的“四蹄听活活，十顷望畇畇”，《一耘》中的“饱雨纤纤长，含风叶叶柔”、《织》中的“娇女眠鼩鼩，秋虫语唧唧”。

从叠字运用来看，胤禛作诗，并非俗手。他显然知道，适当的叠字运用，不仅可以使诗歌读起来朗朗上口，极富音律之美，还可以使诗歌在写景状物上，表述得更为准确，更为生动。

从“耕织图诗”46首诗来看，可见胤禛虽然贵为皇子，平时在实践上不大可能亲自从事耕作和纺织这些农活，但在理论上非常熟悉耕作和纺织的各个具体环节。而且，我们还可以从诗中看出，胤禛对于农事的歌颂，对于粮食、衣服的爱惜。

## 夺嫡关键时刻胤禛呈“耕织图诗”

写《插秧》诗时，胤禛已经贵为大清王朝的雍亲王。

而他创作“耕织图诗”，又是找人画图，又是亲自配诗，贵为皇子亲王，搞得这么辛苦，为什么？

当然可以理解为他有着强烈的重农、忧农、爱农、亲农思想，所以才有此举。但投入到写出 46 首诗之多，仅仅是因为重农、忧农、爱农、亲农，作为一介亲王，似乎又有点过于隆重了。

要找到真正的原因，还得回到胤禛当时所在的历史现场。先要搞清楚，大清王朝的雍亲王胤禛，在当上皇帝以前，心中念兹在兹、无日或忘，最大最重要的一件事情是什么。

这件事儿，相信稍通清朝历史的人都知道——夺嫡。

是的，雍亲王胤禛写这 46 首“耕织图诗”，说穿了，就是为了夺嫡。“耕织图诗”正是创作于夺嫡的关键时期。

在每一幅耕织图上，都钤有“雍亲王宝”和“破尘居士”的印章。这两个印章表明，在创作“耕织图诗”时，胤禛的身份还是雍亲王。

两个印章，也透露了“耕织图诗”创作的时间信息。“破尘居士”是胤禛的自号，在其登基后停止使用，这是“耕织图诗”创作时间的下限；胤禛被封为雍亲王是在康熙四十八年（公元 1709 年），这是“耕织图诗”创作时间的上限。

另外，胤禛一生的诗作，都收入了两部诗集之中：登基之前创作的诗，收入了《雍邸集》；登基之后创作的诗，收入了《四宜堂集》。

而在《雍邸集》的目录中，《耕图二十三首》和《织图二十三首》排在《皇父御极之六十岁次辛丑元日群臣上寿恭颂》一诗之后，说明“耕织图诗”创作于康熙六十年（公元 1721 年）元日之后，六十一年（公元 1722 年）十一月十三日康熙驾崩之前。耕织图的绘制，由于耗时较长，可能绘制于康熙四十八年（公元 1709 年）至康熙六十年（公元 1721 年）。

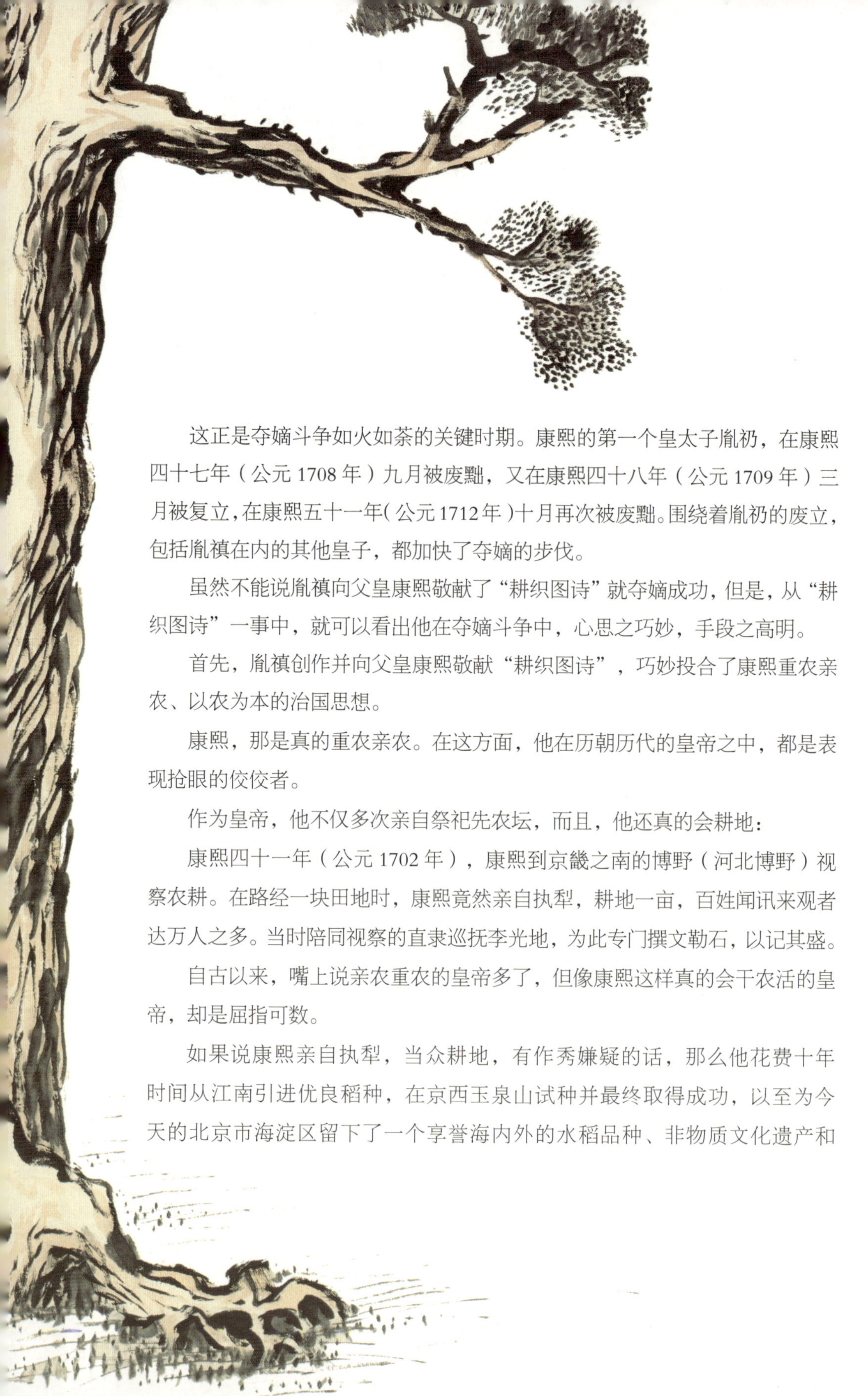

这正是夺嫡斗争如火如荼的关键时期。康熙的第一个皇太子胤礽，在康熙四十七年（公元 1708 年）九月被废黜，又在康熙四十八年（公元 1709 年）三月被复立，在康熙五十一年（公元 1712 年）十月再次被废黜。围绕着胤礽的废立，包括胤禛在内的其他皇子，都加快了夺嫡的步伐。

虽然不能说胤禛向父皇康熙敬献了“耕织图诗”就夺嫡成功，但是，从“耕织图诗”一事中，就可以看出他在夺嫡斗争中，心思之巧妙，手段之高明。

首先，胤禛创作并向父皇康熙敬献“耕织图诗”，巧妙投合了康熙重农亲农、以农为本的治国思想。

康熙，那是真的重农亲农。在这方面，他在历朝历代的皇帝之中，都是表现抢眼的佼佼者。

作为皇帝，他不仅多次亲自祭祀先农坛，而且，他还真的会耕地：

康熙四十一年（公元 1702 年），康熙到京畿之南的博野（河北博野）视察农耕。在路经一块田地时，康熙竟然亲自执犁，耕地一亩，百姓闻讯来观者达万人之多。当时陪同视察的直隶巡抚李光地，为此专门撰文勒石，以记其盛。

自古以来，嘴上说亲农重农的皇帝多了，但像康熙这样真的会干农活的皇帝，却是屈指可数。

如果说康熙亲自执犁，当众耕地，有作秀嫌疑的话，那么他花费十年时间从江南引进优良稻种，在京西玉泉山试种并最终取得成功，以至为今天的北京市海淀区留下了一个享誉海内外的水稻品种、非物质文化遗产和农业部中国地理标志产品，就不太可能是作秀了吧？

康熙引进的水稻，在康熙五十三年（公元 1714 年）获得了巨大成功。“玉泉山官种稻田十五顷九十余亩，其金河、蛮子营、六郎庄、圣化寺、泉宗庙、高粱桥、长河西岸、石景山、黑龙潭、南苑之北红门外稻田九十二顷九亩余，合官种稻田共一百八顷九亩有零，较往时几数倍之。”从此，时称“御稻”后称“京西稻”产出的稻米，成为清朝宫廷御用稻米的主要来源。

有这样一位重农亲农的父亲，儿子胤禛献上“耕织图诗”，算不算搔到了痒处？

随后，胤禛创作并向父皇康熙敬献“耕织图诗”，巧妙地表达了自己如果有机会继位，将萧规曹随、亦步亦趋，延续康熙的重农亲农政策。

原来，康熙也命人画过《耕织图》，自己也作过“耕织图诗”。

康熙版的“耕织图诗”，由康熙亲自撰写序文并题诗，并于三十八年（公元 1699 年）刊行颁赐诸皇子，以加强对他们的重农教育。胤禛自己也回忆说：“余昔侍丰泽园，曾蒙颁示。”

可能从受赐之日起，胤禛看到父皇康熙如此重视“耕织图诗”，就动了拿“耕织图诗”别出心裁地讨父皇欢心的念头。而到了夺嫡斗争如火如荼的关键时期，胤禛终于放出了蓄谋已久的大招儿。

胤禛拿出“耕织图诗”，不是简单地照抄和模仿，而是在继承中又有所创新。

继承的是，康熙 46 幅图，他也 46 幅图；康熙作序，他作跋；康熙自己配诗，他也自己配诗。

创新之一，康熙是黑白连环画，他是彩色连环画。康熙的“耕织图”，是命宫廷画师焦秉贞画的黑白版——白描本画；胤禛的“耕织图”，则是由不知名的画师画的彩色版——设色绢本画。

创新之二，康熙配的是七言诗，他配的是五言诗。比如《插秧》一图，康熙配的七言诗是：“千畦水泽正弥弥，竞插新秧恐后时。亚族同心协力作，月明归去不嫌迟。”对应地，胤禛配了这首《插秧》诗。

最后，胤禛创作并向父皇康熙敬献“耕织图诗”，表达了自己如果没有机会继位，将躬耕田亩，归隐田园，做一个安分守己的藩王，甚至可能会去做一个农夫的想法。

胤禛是如何做到这一点的?

很简单，亲自上场，搏命演出：他让画师把自己本人，画成了“耕织图”中的农夫，把自己的福晋（即正妻），画成了“耕织图”中的织妇！换句话说，在胤禛版“耕织图”的46幅图中，胤禛和他的福晋，几乎出现在了每幅图中，并且基本上是主角。再换句话说，等到胤禛版“耕织图”送到父皇康熙的眼前时，康熙看到的是，四儿子在“耕”，四儿媳在“织”。

不得不指出，在激烈的权力斗争中，有意地让自己的真实形象，在一幅画像或者一张照片中出现，此举颇为冒险。因为无论当时的政治效果如何，这些画像或照片都是事后难以修改的铁证，很可能会被政治对手进行另外的解读，从而使自己陷入不利的境地。

那么，在这场夺嫡权力斗争中，胤禛夫妇主演的“耕织图”上呈父皇并被公之于众之后，会被各色人等进行怎样的解读呢?

胤禛第一个要考虑的，是父皇康熙的解读。

作为父亲和皇帝，康熙看到这一幕幕，内心会有什么样的感受?史书上没有留下康熙看到胤禛夫妇倾情出演“耕织图”时的情绪反应，更没有留下他的内心感受；但我们不妨猜一下。

首先，自然是高兴。自己亲农重农，四儿子和儿媳也懂自己的心思，学着亲农重农。这无论如何，是值得高兴的大好事。

其次，当然是新奇。自己的儿子儿媳，是天皇贵胄，从来没有干过农活的。可现在画中的他俩，一个亲农，一个亲蚕，看着还怪有趣的。

最后，可能还会有惋惜。如果自己选定的继位之人不是四儿子，那么，从小看着长大的雄才大略的四儿子，就可能真的只能当一个安分守己的藩王，或者当一个躬耕田亩的农夫而终老此生了。四儿子还是有才的，这样安排，太令人惋惜了。

说不定，就是康熙此刻的那一丝惋惜，决定了他最后遗诏中那一句关键的话：“雍亲王皇四子胤禛，人品贵重，深肖朕躬，必能克承大统。”

胤禛第二个要考虑的，是夺嫡对手、众位皇兄皇弟的解读。

如果继位的是自己，胤禛在“耕织图”中画上自己的像，也不会丢身份，更不会留下什么笑柄。因为自古以来，天子亲耕、皇后亲织，本就是皇帝夫妇的本职工作之一。

如果继位的不是自己，胤禛在“耕织图”中画上自己的像，也不至于触怒新皇帝。因为胤禛可以解释：我根本就不想当这个皇帝，我早就通过“耕织图”向父皇表明了想法，我只想当一个躬耕田亩的农夫而已。你不信？有图有真相啊。

可进可退，可攻可守。高，实在是高。

夺个嫡，真不易。胤禛最终能够夺嫡成功，变成雍正皇帝，从“耕织图”中，从《插秧》诗中，我们就可以看到，他真的是动了不少的巧妙心思，用了不少的高明手段。

## 一个适合寻找仪式感的节气





芒种节气到来，意味着麦类等有芒作物的成熟。这是一个反映农业物候的节气：“小满后十五日，斗指丙，为芒种，谓有芒之种谷可稼种矣。”

芒种芒种，忙着种。“芒”，指麦类等有芒作物的收获；“种”，指谷黍类作物的播种。

芒种节气到来，对于长江中下游地区而言，还意味着从此进入梅雨季节。此时，雨日多，雨量大，温度高，日照少。这样的多雨多水天气，对于正处于旺盛生长期、需水较多的水稻和棉花等作物，十分有利；但却对人们的日常生活比较不利，因为阴雨多，湿度大，室内用具容易生菌发霉，所以“梅雨”也可俗称“霉雨”。

芒种时节，很适合文艺青年们寻找仪式感。

因为一到芒种，百花逐渐凋落，可以在此日举行祭祀花神仪式，给花神饯个行。

在《红楼梦》中，文艺女青年林黛玉的著名桥段“黛玉葬花”，就发生在芒种前后。

# 夏至

夏至有雨三伏热，
重阳无雨一冬晴。

## 和梦得夏至忆苏州呈卢宾客

忆在苏州日，常谙夏至筵。粽香筒竹嫩，炙脆子鹅鲜。
水国多台榭，吴风尚管弦。每家皆有酒，无处不过船。
交印君相次，褰帷我在前。此乡俱老矣，东望共依然。
洛下麦秋月，江南梅雨天。齐云楼上事，已上十三年。

### 眼下的洛阳，正是麦收的季节

唐开成三年（公元 838 年），夏至刚过，大诗人白居易写成了这篇《和梦得夏至忆苏州呈卢宾客》。“梦得”，是白居易的好友刘禹锡的字。

他俩不仅私交甚好，而且诗名相当，史上并称“刘白”。按照古人好朋友的称呼习惯，当然是一个叫“乐天”一个叫“梦得”啦。

乐天此篇，是为了唱和梦得写于这年夏至当天的《夏至忆苏州呈卢宾客》而写的。可惜的是，梦得的《夏至忆苏州呈卢宾客》已经散佚，我们已经无法知道他写了些什么，只能从乐天的和诗里，去猜测了。

**忆在苏州日，常谙夏至筵：**想当年在苏州的时候，我就非常熟悉夏至当天的盛筵。

作为唐朝诗人中著名的吃货，白居易此处说自己非常“谙”熟苏州当地的筵席，实在是太谦虚了。

虽然他当苏州刺史的政绩并不坏，而且本人也不是只喜欢吃吃喝喝的贪官，但以刺史大人之尊、风流文人之性，必要不必要的应酬还是大大有的。所以，此处他应该说“忆在苏州日，常吃苏州筵”，才是实事求是的态度。

**粽香筒竹嫩，炙脆子鹅鲜：**嫩竹筒中的粽子香气诱人，烧烤的仔鹅鲜香可口。

在诗中，白居易最怀念苏州的两种美食：粽子和烤鹅。

粽子源于屈原祭日，但到了唐朝，粽子又被叫作“角黍”。而且，唐人制作粽子，除了使用粽叶，从诗中看来还曾经使用竹筒，做成了竹筒粽子。可以印证的是，唐朝文学家沈亚之也曾写到过竹筒粽子：“蒲叶吴刀绿，筠筒楚粽香。”“筠筒”，就是“竹筒”。

这句最值得注意的字是“炙”。“炙”，就是我们今天所说的烧烤。和我们今天的吃货们一样，中国的古人们，一直就喜欢吃烧烤。

烧烤，也是自先秦以来一直就有的一种烹饪方法，《诗经·小雅》里就有“有兔斯首，燔之炙之”，那是古人在吃烤兔啊。到了唐朝，烧烤就更为普遍了。比如，在《全唐诗》里，在吃货诗人们的笔下，“炙”字就出现了90次之多。

**水国多台榭，吴风尚管弦：**吴地苏州号称水乡，到处是舞榭歌台，充满了丝竹管弦之乐。

**每家皆有酒，无处不过船：**夏至节日之时，家家设酒待客，处处船如织梭。

**交印君相次，褰帷我在前：**至于说到在苏州当刺史，属我最早，你们两位，则是互相交印的前后任。

白居易、刘禹锡，以及诗题《和梦得夏至忆苏州呈卢宾客》中提到的卢宾客，曾经先后出任苏州刺史一职，其中刘禹锡和卢宾客还是互相交印的前后任关系。

“褰帷”，是一贯作诗作文平白如话的白居易，难得使用的一个典故。这个典故源自东汉的冀州刺史贾琮。

按照东汉的制度，地方刺史上任时，应该“传车骖驾，垂赤帷裳，迎于州界”，以彰威仪。但到了贾琮上任翼州刺史时，他却把车前的赤帷裳掀了起来，说：“‘刺史当远视广听，纠察美恶，何有反垂帷裳以自掩塞乎？’乃命御者褰之。百城闻风，自然竦震。其诸臧过者，望风解印绶去。”

从此，“褰帷”典故被用来形容为官清正廉洁的地方官员。白居易此处用典，既是暗指自己当时出任的职务和贾琮一样，也是刺史一职，同时也颇有自夸之意。不过，就他在苏州的政绩而言，他当得起“褰帷”二字。

**此乡俱老矣，东望共依然：**如今我们仨都老了，从洛阳东望苏州，仍然想念不已。

**洛下麦秋月，江南梅雨天：**眼下的洛阳，正是麦收的季节，这同时也是江南苏州的梅雨天气。

**齐云楼上事，已上十三年：**遥想当年苏州齐云楼上的那些往事，到如今已经过了十三年之久。

齐云楼，系苏州名楼，名字还是白居易给改的。齐云楼原名“月华楼”，传说是唐太宗李世民第十四子李明在担任苏州刺史时所建的。白居易出任苏州刺史时，取其“高与云齐”之意，改名“齐云楼”。

## 干了一件实事，影响几千年

夏至时节，白居易与刘禹锡唱和，写下的《和梦得夏至忆苏州呈卢宾客》为我们揭示了一段唐朝的官场佳话。

这段官场佳话，就在白居易为此诗所加的注释之中：“予与刘、卢三人，前后相次典苏州，今同分司，老于洛下。”

原来，白居易、刘禹锡，和诗题中提到的这位卢宾客，三个人曾经共同有过两段不同寻常的官场经历。

一是“前后相次典苏州”。即在若干年前，这三个人先后出任过苏州刺史一职。

这是史实：白居易出任苏州刺史最早，是在宝历元年（公元 825 年）五月，到第二年九月调任，总共任职 17 个月。所以他在诗中说“褰帷我在前”；刘禹锡出任苏州刺史，是在大和六年（公元 832 年）二月，到大和八年七月调任，总共任职 29 个月；刘禹锡调任后，于大和八年（公元 834 年）八月接替他出任苏州刺史的，正是诗中提到的“卢宾客”——卢周仁，所以白居易在诗中说“交印君相次”。

二是“今同分司，老于洛下”。到了白居易写下《和梦得夏至忆苏州呈卢宾客》时，三个人同时担任“分司”官，在东都洛阳养老。

三人当中，白居易是资格最老的“分司”官了。早在大和三年（公元 829 年）三月末，白居易就已来到洛阳就任“太子宾客分司东都”了；直到开成元年（公元 836 年），刘禹锡才授“太子宾客分司东都”，也来到了洛阳；卢周仁来洛阳最晚，他在白居易写诗的当年，即开成三年（公元 838 年），才授职“太子宾客分司东都”。

然而，别看卢周仁来得晚，却来得很关键。正因为卢周仁也来到洛阳担任“分司”官，才触动了刘禹锡心里对于苏州的思念，刘禹锡才写了《夏至忆苏州呈卢宾客》；也才触动了白居易心里对于苏州的思念，白居易也才写了《和梦得夏至忆苏州呈卢宾客》。

这一年，“白宾客”和“刘宾客”都是 67 岁，“卢宾客”则因生卒年不详无法确知年龄，但既然同在洛阳养老，显然这仨是同龄人。

这仨此时担任的“分司”官或者说“太子宾客分司东都”，隶属于唐朝在东都洛阳分设的另一套独立于首都长安之外的职官体系。

这套东都职官体系，可以分为东都政务机构、东都御史台和东都事务机构。

东都政务机构主要是指尚书省及其下属机构，具有守卫东都、维护治安、发展经济、主管民政等职权，是“分司”官中具有一定职责和职权的职位。

东都御史台也是一个实权机构，负责东都所有官员的监察。

东都事务机构，主要是指九寺五监及秘书省、殿中省、内侍省、东宫等职官。中唐以后，东都事务机构基本上已没有职责和职权，主要供退休官员养老之用。

此时这仨所担任的“太子宾客分司东都”，就是隶属于东都事务机构的东宫官。虽然无职无权，却是又闲又富。

白居易这首诗告诉我们，在开成三年（公元 838 年）夏至，三个曾经都当过苏州刺史，如今又都在洛阳退休养老的又闲又富的老头儿，想起了苏州。

三个老头儿中，首先写诗的刘禹锡，当然是最想念苏州的人，因

为他本身就是土生土长的苏州人。他在苏州一直生活到 19 岁，度过了童年和青少年时代，才离开苏州。对于刘禹锡而言，苏州是生他养他的故乡。

所以，到了他以苏州人的身份出任苏州刺史时，自然是竭尽全力，为故乡建设做贡献。就在他上任的第一年，苏州遭遇了特大水灾。刘禹锡一到任，就投入到了紧张的抗洪救灾工作之中。

他深入民间，察访灾情，并及时将灾情损失、百姓疾苦上报朝廷，为苏州百姓争取到了免除赋税的政策。到他调任时，苏州不仅消除了洪灾影响，而且恢复了生产，经济也出现了复苏势头。

为此，朝廷考评刘禹锡在苏州期间的政绩为“政最”，给予了“赐紫金鱼袋”的殊荣。这也是在政坛上潦倒一生的刘禹锡，仅有的一次官场得意时刻。

故土之思，再加上如此难忘的任职经历，刘禹锡能不忆苏州?

写下和诗的白居易，当然也是非常想念苏州的。虽然他不是苏州人而是河南人，可他也是在苏州度过了自己的少年时代。

建中四年（公元 783 年），白父将 12 岁的白居易送到苏州躲避战乱。正是在旅居苏杭二郡期间，已经 15 岁的白居易开始发奋读书，“始知有进士，苦节读书”。直到贞元七年（公元 791 年）白居易 20 岁时，他才离开苏州。

当年，白居易在苏州发奋读书时，非常羡慕苏州刺史韦应物、杭州刺史房孺复的才高位尊。但是，他那时年龄幼小又无功名，无缘拜望这两位心中偶像，“以幼贱不得与游宴，尤觉其才调高而郡守尊”。

于是，白居易在心中暗自许愿：“翌日苏、杭苟获一郡足矣!”——将来我只要在苏州刺史和杭州刺史中得任一职，则此生足矣。

话说老天爷对白居易，那可是相当厚爱的。

长庆二年（公元 822 年）七月，51 岁的白居易出任杭州刺史。此后的宝历元年（公元 825 年）三月，白居易又得以出任苏州刺史。他少年时“苏、杭苟获一郡”的梦想，至此两郡全获，儿时梦想超额达成。

所以，梦想还是要有的，万一实现了呢？

在苏州刺史任上，白居易其实只干了一件事。可就这一件事，带给苏州的影响就达几千年，直到今天还在。

当时，白居易为了便利苏州水陆交通，领导开凿了一条西起虎丘东至阊门的山塘河，使得古城南北通川，既可“免于病涉”，又可“障流潦”，从而造就了苏州城内至今尚存的著名景观“七里山塘”。

白居易是因病离任苏州的。他当时坠马受伤，眼疾复发，加之自己对于晚年人生另有规划，只得忍痛离开了苏州。

离别之际，他依依不舍地写下《别苏州》：“怅望武丘路，沉吟浒水亭。还乡信有兴，去郡能无情？”

不仅离别时依依不舍，白居易还从此患上了“苏州相思病”。离开第四年时，他想苏州了，写下《早春忆苏州寄梦得》“诚知欢乐堪留恋，其奈离乡已四年”；离开第六年时，他又想苏州了，写下《忆旧游》“六七年前狂烂漫，三千里外思徘徊”；离开第十三年的夏至时节，他又想苏州了，写下这首《和梦得夏至忆苏州呈卢宾客》“忆在苏州日，常谙夏至筵”；离开第十八年时，他又想苏州了，写下《送王卿使君赴任苏州》：“一别苏州十八载……至今白使君犹在。”





## 在夏至吃粽子、烤鹅肉、喝美酒

夏至，是二十四节气中最早被确定的一个节气。早在公元前 7 世纪，先人就采用土圭测日影，确定了夏至。

但是，秦汉以前，这个节气不叫夏至。在《尚书·尧典》里，叫“日永”，在《吕氏春秋》里，叫“日长至”。直到汉朝，才叫“夏至”。

芒种后十五日，斗指午为夏至。此日，日北至，日长之至，日影短至，故曰夏至。至者，极也。

所以，“夏至”的“至”，不是“到来”的意思，而是“极也”“极致”的意思。夏至夏至，夏之极也。夏至之日，皇帝要在这一天举行祭地仪式：“夏至大祀方泽，乃国之大典。”而普通老百姓，也会因为夏至时麦子丰收，要举行“荐新麦”的祭祖仪式。

江南各地，还有吃“夏至粥”的习俗。“以新小麦和糖及苡仁、芡实、莲心、红枣煮粥食之，名曰‘夏至粥’”；或者“以小麦、蚕豆、赤豆、红枣和米煮粥，互相馈遗”。

当然，我们还可以像白居易诗中所写的那样，在夏至当天，大摆筵席，吃粽子、烤鹅肉、喝美酒，快活一下下，找找仪式感。

# 小暑

## 送魏正则擢第归江陵

客路商山外，离筵小暑前。高文常独步，折桂及韶年。
关国通秦限，波涛隔汉川。叨同会府选，分手倍依然。

### 文章独步一时，少年时代就登第

诗的作者武元衡，是唐朝著名的诗人，后来也成了唐朝著名的宰相。

从诗题《送魏正则擢第归江陵》可以看出，当时还是登第进士的武元衡，在小暑节气之前，设宴为自己的同年魏正则饯行，送他返回家乡江陵。

**客路商山外，离筵小暑前：**小暑节气之前，我摆上筵席，为即将踏上商山之外的道路远行的魏正则饯行。

**高文常独步，折桂及韶年：**魏正则的文章，在同年之中独步一时，所以少年时代就已登第。

**关国通秦限，波涛隔汉川：**魏正则的家乡江陵，与长安所在的秦地接壤，只隔着一条汉江。

**叨同会府选，分手倍依然：**魏正则这次来长安参加科举考试，我很荣幸地成为他的同年；现在到了分别的时刻，倍觉依依不舍。

武元衡与魏正则的同年感情，看来还挺深。证据是：《送魏正则擢第归江陵》这同一个诗题，武元衡一写就是两首，五言一首，七言一首。七言诗是："商山路接玉山深，古木苍然尽合阴。会府登筵君最少，江城秋至肯惊心。"

魏正则在登第之后，不是应该直接去参加吏部铨选的"释褐试"，进而授职做官吗？为什么还要千里迢迢地返回江陵、荆州呢?

当然，魏正则这可能是登第之后的短期“归觐”，以便家人们能够在一起，分享自己成功的喜悦。

最大的可能，则是因为当时的“守选”制度。所谓“守选”，是指新及第明经、进士和考满后的六品以下官员，不是立即授官，而是回家等候吏部的铨选期限，一般为三年。

也就是说，按照“守选”制度，新科进士不能直接做官，六品以下官员不能连续做官。

魏正则作为新科进士，选择回家等上三年的好处是：再回长安参加吏部考试时，一般都能得官，而且是比较好的官职。

当然，也有可能魏正则家中有急事，需要他在登第之后立即返回。

真实的原因，我们永远只能靠猜了。因为魏正则自从这次长安登第与武元衡发生短暂交集之后，就一猛子扎进历史长河之中，直接潜伏，再也不出来了。

说来也真奇怪。魏正则不仅本人消失了，好像也把当时荆州读书人科举登第的运气，也一并带走了。自从魏正则于建中四年(公元783年)登第之后，此后五六十年，荆州居然再没有一个举子登第!

当时，由于荆州年年向长安解送举人参加考试，却从无一人登第，所以被称为“天荒”。《北梦琐言》载，“唐荆州衣冠薮泽，每岁解送举人，多不成名，号曰‘天荒解’”；《唐摭言》载，“荆南解比，号天荒”。终于，在大中四年（公元850年），魏正则登第68年之后，荆州才出了一个刘蜕，考中了进士，打破了荆州“天荒解”的尴尬局面，被称为“破天荒”：“刘蜕舍人以荆解及第，号为‘破天荒’。”这也是我们今天常说的“破天荒”的由来。

## 大唐唯一遇刺而死的宰相

武元衡写下《送魏正则擢第归江陵》时，正值建中四年（公元 783 年）六月，小暑节气之前。

唐朝的科举，一般都在春季举行，故又称春闱。武元衡、魏正则这一科放榜，是在建中四年（公元 783 年）二月。同科登第的还有薛展、韦同正、韦贯之、柳涧、熊执易、韩弇等 27 人。这一科的主考官是礼部侍郎李纾。

举子们高中之后，还有一系列礼仪性活动和庆祝性活动要参加。礼仪性活动主要包括进士们全体集中，到中书省都堂参谒宰相，到礼部侍郎李纾的府第拜谢座师等活动。

然后，就是庆祝性活动。比如进士们在慈恩寺的“雁塔题名”活动，再比如各种吃吃喝喝的活动。

建中四年（公元 783 年）的“小暑前”，魏正则的远行，是同年朋友间的一次“生离”，就让武元衡大大地伤感：“分手倍依然”。

其实，武元衡大可不必如此。未来，还将有一个比眼前的“生离”更让人伤感、伤痛的“死别”，会在 32 年之后的“小暑前”，就在武元衡的人生前路上，命中注定地等着他。

32 年之后，是元和十年（公元 815 年），六月初三，又一个“小暑前”，当年的登第进士武元衡，如今已贵为门下侍郎、同平章事，是堂堂的帝国宰相了。

就在六月初三这天清晨的上朝途中，武元衡刚刚走出府邸所在的靖安里坊门，就遭到了一伙刺客的伏击：“射元衡中肩，复击其左股。”

武元衡虽然是帝国宰相，但按照唐朝当时的制度，他并没有专属卫队保护他的安全，只有一些跟随他的仆役。这些人自然不是训练有素的刺客的对手，“徒御格斗不胜，皆骇走”。

武元衡是文人，本就没有多少反抗能力，而且当年他已有 58 岁了，更是年老体衰。到此境地，只能任人宰割了。

他的死状极惨，被刺客“批颅骨持去”，也就是说，他被残忍地砍下了头颅，落了个身首异处、横尸街头的下场。

武元衡，是大唐帝国唯一一个遇刺而死的宰相。这样的人生结局，对于他而言，非常不公平。就他的为人处世、为官理政而言，他是真不该遭此惨祸的。

武元衡自从写《送魏正则擢第归江陵》的那个“小暑前”踏入官场以后，宦海沉浮多年的他，一直以正直、稳重、大气、爱才而闻名。

武元衡出身名门。武元衡的“武”，就是武则天的那个“武”。他的曾祖父武载德，是武则天的侄儿，官至湖州刺史；祖父武平一，官至考功员外郎，也是一位著名的诗人，《全唐诗》存诗 15 首，《全唐文》存文 6 篇；父亲武就，官至润州司马，也工诗文，《新唐书·艺文志》曾著录有《武就集》5 卷，惜已散佚。

唐肃宗乾元元年（公元 758 年），武元衡出生于润州（江苏镇江）。从唐代宗大历十四年（公元 779 年）夏天起，22 岁的武元衡才第一次自润州赴长安应举；经历了建中元年、二年、三年，三次应举下第之后，武元衡终于在建中四年（公元 783 年）二月登第，与年轻的江陵举子魏正则，成了同年。

与魏正则分别后的第二年，武元衡也离开长安，去当了鄜坊节度使掌书记。唐德宗贞元四年（公元 788 年）又转任河东节度使掌书记。

掌书记，从八品，是地方节度使掌管军政、民政事务的机要秘书，主要负责表奏等文秘工作，是地位仅次于节度副使、行军司马、节度判官的重要属官。

在武元衡的时代，登第进士起始的职务，已不仅限于秘书省校书郎这样的京官，类似地方节度使掌书记这样的地方僚属，也日益成为举子们优先选择的美职之一。而且，出任地方节度使的幕僚，无须“守选”，可以快速踏上仕途。

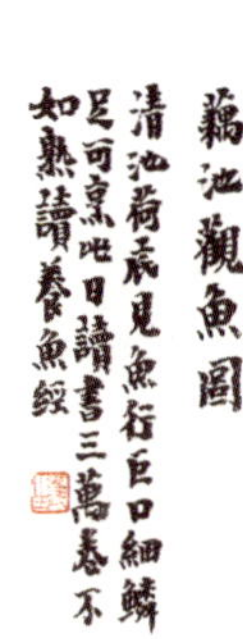

掌书记下一步的迁转，可以在地方，迁转为节度副使、节度判官甚至是节度使；也可以去中央，迁转为监察御史、殿中侍御史、拾遗、补阙等清望官，进而踏上升迁高级官吏直至宰相的坦途。

果然，唐德宗贞元六年（公元 790 年），武元衡调任长安，担任的职务，正是监察御史。此后，他先后丁父忧、丁母忧，近十年之后才又被唐德宗重新召回长安，历任比

部员外郎、右司郎中等职务，进入帝国中级官员行列。

唐德宗贞元二十年（公元 804 年），47 岁的武元衡升迁为正四品下的御史中丞，这已经是帝国的高级官员了。而且有唐一代，由御史中丞直接入相的，不在少数。由此可见，武元衡已有入相之望。但他的好事，差点就被他的两个手下搅黄了。

此时，武中丞这两个手下的名字，可说是如雷贯耳，他们是：监察御史刘禹锡同志、监察御史柳宗元同志。后来，也合称“刘柳”。

这两位未来的大诗人，此时还在跑龙套，时不时用他们那生花的妙笔，代自己的顶头上司武中丞写一写《为武中丞谢赐春衣表》《代武中丞谢赐新橘表》《为武中丞谢赐新茶表》《为武中丞谢赐樱桃表》等官样文章。

看来，上下级关系处得还不错，好一番安定团结的大好局面。但是，事情正在起变化。

在唐德宗驾崩唐顺宗继位之后，刘禹锡和柳宗元参与了王叔文集团著名的“永贞革新”，既成了朝廷上的新贵，也与顶头上司武元衡成了政敌。

也许到了这里，大家都长长地吐了一口气——哦，武元衡和我们最喜欢的大诗人刘禹锡、柳宗元是政敌？那武元衡肯定是坏人！

还真不好这么简单划线。他们虽然是政敌，却只是政见不同，初衷还是相同的，都是为了大唐帝国的江山社稷。

简单说吧，刘禹锡、柳宗元和他们所在的王叔文集团，是激进派，他们希望通过唐顺宗强有力的改革，搞个“休克疗法”，立竿见影地改变帝国现在外有藩镇割据、内有宦官专权和朋党之争的被动局面。

最好，明天早上一觉醒来，一切都已安排得妥妥当当就好了。

武元衡则属于稳重派。他也想改变外有藩镇割据、内有宦官专权和朋党之争的被动局面，他本人后来就是死在讨伐割据藩镇这件大事上。但他同时也深知，帝国肌体上的三大顽疾，绝非一日之内形成，当然也绝非一日之内能够清除。

病去如抽丝，一切的一切，都得慢慢来。年轻人，你们急什么？

双方理念不同，行动上自然就会有冲突。唐顺宗永贞元年（公元 805 年）三月，武元衡就因与王叔文集团发生冲突，由御史中丞被罢为右庶子。

右庶子是东宫右春坊的长官，职责是“掌侍从、献纳、启奏”，是太子的主要属官。武元衡由御史中丞调任右庶子，级别上倒是一样，属于平调；但由朝廷要职调任东宫闲职，无论如何是一种贬斥，所以《旧唐书·武元衡传》用了一个“罢”字，“数日，罢元衡为右庶子”。

可是王叔文集团这次对于武元衡的罢斥，还是打错了算盘。什么地方不好罢斥他，偏要把他弄到东宫去，让东宫的皇太子深入了解他，白白地送给他一个日后飞黄腾达的机会？

由于唐顺宗即位时就已中风，不能亲理朝政，而狐假虎威的王叔文集团又动了向专权的宦官集团夺回兵权的心思，所以王叔文集团只风光了 164 天，在当年八月就下台了。随后，刘禹锡被贬到湖南常德，当了朗州司马；柳宗元被贬到湖南永州，当了永州司马。这就是唐史上著名的“二王八司马”事件。

这年十月，在被罢职仅仅半年之后，武元衡在新皇帝唐宪宗的赏识下，复拜御史中丞，从此在仕途上一帆风顺。终于，在元和二年（公元 807 年）正月，50 岁的武元衡到达仕途巅峰，官拜“门下侍郎、同平章事”，成为帝国宰相。

宦海多年，武元衡被公认为是具有长者风度的官员，史称他“详整称重”“重慎端谨”“雅性庄重”。就连他留给唐宪宗的印象，都是“长者”形象：“时李吉甫、李绛情不相叶，各以事理曲直于上前。元衡居中，无所违附，上称为长者。”

就连曾经打压过他导致他罢官的刘禹锡、柳宗元，武元衡在官场得意之后，也没有对他们进行打击报复，反而对老部下还相当关照。在刘柳二人远贬之后，还是武元衡首先打破僵局，大约在元和六年间，致书抚问永州司马任上的柳宗元；大约在元和七年（公元 812 年），命人到朗州赠刘禹锡“衣服缯彩”等。这就相当大气了。

所以，武元衡贵为宰相，又如此大气而有“长者”风度，居然会落得个身首异处、横尸街头的人生结局，非常不公平。

武元衡为国惨死，上天在他的儿女身上，回报了他。

武元衡的儿子叫武翊黄，人称“武三头”。他有此怪称，并不是因为他天生骨骼清奇，长了三颗头，而是因为他是当年的超级“学霸”。

参加府试他是第一名，称为“解头”，进士及第他又是第一名，当时不叫“状元”而叫“状头”，后来参加宏词制科考试他还是第一名，称为“敕头”。于是，合计三个“头”，史称“武三头”。超级学霸“武三头”，后来官至帝国“大理卿”，正部级干部，距离他爹只差那么一级半级。

武元衡的两个女婿也是有才。一个女婿叫孙简，后来官至兵部尚书，正部级；另一个女婿叫段文昌，唐穆宗时的宰相，和老岳父一样。

## 农民开始大忙特忙的一个节气

夏至后十五日，斗指午，为小暑。小，微也，暑，热也。

是月极热，月初犹小，故谓之小暑。通俗地说，在小暑时节，虽然天气已经很热，但尚未达到极点，所以称作“小暑”。

一般而言，小暑时节雨量很大，是全年降水最多的一个节气。此时还有可能会出现暴雨、雷击和冰雹。

这样一个又热又多雨的小暑，恰恰又是农民开始大忙特忙的一个节气。在类似我家乡这样种植双季稻的地区，一年中最紧张、最艰苦，顶烈日、战高温的“双抢”，就要开始了。

“双抢”，即“抢收早稻，抢种晚稻”。从小暑开始，农民们就要把握时机，适时收获早稻，不仅可以减少后期风雨造成的危害，确保丰产丰收，而且可以使晚稻适时栽插，争取到足够的生长期。

水稻收割之后，经过脱粒、扬谷之后，还要在夏天的阳光之下暴晒，也叫“晒谷”，以使稻谷在储藏之前，达到理想的干燥度。

至今仍记得，在暴雨来临之前，我和妹妹扶着一种叫作“月板”的工具掌握方向，父母则在“月板”前面拉着绳子，快速地把平铺的谷子聚拢成堆，再快速地装进麻袋，快速地转移到干燥的地方，等候下一次的晾晒。

又是一年小暑到。娇憨稚子绕膝，祥和家宴之时，和父母家人举杯小酌，追忆三十多年前小暑节气的“抢暴”时刻，回忆父母在几亩薄田上辛勤劳作抚育我等的艰难种种，别有一番滋味在心头。

大暑连天阴，
遍地出黄金。

# 大暑

## 夏日闲放

时暑不出门，亦无宾客至。静室深下帘，小庭新扫地。
褰裳复岸帻，闲傲得自恣。朝景枕簟清，乘凉一觉睡。
午餐何所有，鱼肉一两味。夏服亦无多，蕉纱三五事。
资身既给足，长物徒烦费。若比箪瓢人，吾今太富贵。

## 与箪食瓢饮的颜回相比，我已经很富贵了

唐开成三年（公元 838 年）夏天，大暑时节的东都洛阳城，酷热难当。大诗人白居易，躲在自己位于履道坊的府第之中避暑，提笔写下了这首《夏日闲放》。

**时暑不出门，亦无宾客至：** 时当大暑的酷热之际，我没有出门，也没有宾客上门。

**静室深下帘，小庭新扫地：** 幽静的居室之内，门帘放得低低的；室外的小庭院，刚刚打扫过，显得洁净幽雅。

**褰裳复岸帻，闲傲得自恣：** 天气太热了，又是在自己家中，我撩起下裳，推起头巾，露出前额，放松一下。

**朝景枕簟清，乘凉一觉睡：** 为了凉快，夏天的早晚，睡觉都垫着清凉的竹席。

**午餐何所有，鱼肉一两味：** 中午吃的是什么呢？菜肴不多，但有鱼有肉。

**夏服亦无多，蕉纱三五事：** 自己的夏衣也不算多，只有蕉麻衣服三五件。

**资身既给足，长物徒烦费：** 朝廷给的工资已很充足，自己有吃有穿有住，再不知足就是徒增累赘了。

**若比箪瓢人，吾今太富贵：**如果与箪食瓢饮的颜回相比，我如今已经很富贵了。“箪瓢人”这个典故出自《论语》，指的是颜回。子曰：“贤哉，回也！一箪食，一瓢饮，在陋巷。人不堪其忧，回也不改其乐。贤哉，回也！”箪，用以盛饭；瓢，用以饮水。箪瓢，指的是颜回饮食简单，生活简朴，安贫乐道。

说起物质条件，说起安贫乐道，白居易跟颜回相比，那得相当地不好意思，他是得深感愧对先贤。

颜回一生未做官，家庭贫困，而且早逝。白居易年纪轻轻就跻身朝廷清要之官，虽然仕途几经沉浮，但工资收入却一直很高；此时他在洛阳担任闲职养老，更是生活质量超高，俨然已是一富贵闲人。

再比一比两个人的人生“三立”：立德、立言、立功。

颜回学了一生，穷了一生，也就是弄了个“立德”，还全是孔子他老人家夸的；他本人并没有留下任何重要的著作，没能“立言”；由于他没有做官，而且早逝，更没能为国为民“立功”。“三立”之中，只有“一立”。

白居易就不同了。首先他为官多年，于国于民有功，仅仅他在苏州刺史任上留下的“七里山塘”，就是他“立功”的标志性建筑；而他作为唐朝著名才子诗人，更是留下了 2916 首诗歌，影响所至，惠及日韩，成为具有国际范儿的“立言”代表人物之一；至于“立德”，白居易固然不及颜回，但也未闻为官为人有失德之处，也算当时的一个完人。白老爷子这人生“三立”，堪称圆满。

颜回，平淡人生；白居易，人生赢家。

白居易唯一的问题就是，他比颜回有钱，比颜回富贵，正如他自己在诗中所检讨的那样。

这首《夏日闲放》，是白居易所写的“闲适诗”中，比较典型的一首。“闲适诗”作为一个诗歌分类名称，创始于白居易。就是他，在史上第一个把自己的诗称作“闲适诗”。

元和十年（公元 815 年），44 岁的白居易被贬江州司马，在九江城中闲来无事，十分想念时在长安的好友元稹，给他写了一封长信，名曰《与元九书》。在这封信中，白居易第一次把自己创作的诗，分作了四类。

第一类是“讽喻诗”。他的分类标准是“又自武德至元和，因事立题，题为‘新乐府’者，共一百五十首，谓之讽喻诗”。

第三类是“感伤诗”。他的分类标准是“又有事物牵于外，情理动于内，随感遇而形于叹咏者一百首，谓之感伤诗”。

第四类是“杂律诗”。他的分类标准是“又有五言、七言、长句、绝句，自一百韵至两百韵者四百余首，谓之杂律诗”。

而在白居易心目中，占据第二重要位置的诗，就是第二类的诗——“闲适诗”。“又或退公独处，或移病闲居，知足保和，吟玩性情者一百首，谓之闲适诗。”

如果上面这个“闲适诗”的概念，令人有些费解的话，那还有一个“现代性”的解释：所谓“闲适诗”，是指在闲暇安适的状态下，创作的带有闲适情调的诗歌，是吟咏享受闲适生活时的情趣和心境的诗歌。

他留下的 2916 首诗中，有“闲适诗”885 首，占了三分之一；一个“闲”字，被白居易在诗中使用了 600 多次。换句话说，平均每五首白居易的诗，就能见到一个“闲”字。

白居易是史上第一个公开标榜自己是“闲人”的大诗人。他写诗说“天下闲人白侍郎”，“洛客最闲唯有我”，“洛下多闲客，其中我最闲”，并且还跟裴度争抢“闲人”的名次：“不敢与公闲中争第一，亦应占得第二第三人。”

但就是这个白居易，在元和十年（公元 815 年）宰相武元衡遇刺之时，还曾以天下安危为己任，第一个上书言事，这才被贬到江州任司马的。难道仅仅一次贬谪，就让年仅 44 岁的白居易意志消沉了？

贬谪江州，只是导火索，只是转折点，不是他发生转变最主要的原因。最主要的原因，是长期的官场生涯，让他深深体会了官场的险恶。“朝承恩，暮赐死”，“昨日延英对，今日崖州去。由来君臣间，宠辱在朝暮”。

还是在《与元九书》中，白居易跟自己的终生好友，说了一番发自肺腑的真话：

“古人云：‘穷则独善其身，达则兼济天下。’仆虽不肖，常师此语。大丈夫所守者道，所待者时。时之来也，为云龙，为风鹏，勃然突然，陈力以出；时之不来也，为雾豹，为冥鸿，寂兮寥兮，奉身而退。进退出处，何往而不自得哉！故仆志在兼济，行在独善，奉而始终之则为道，言而发明之则为诗。谓之讽喻诗，兼济之志也；谓之闲适诗，独善之义也。”

解读一下。白居易在元和十年（公元 815 年）贬谪江州之前，一直在等待着做出一番事业的“时机”，也就是他说的“所守者时”。那时的他，打算在“时机”到来之际，

“为云龙，为风鹏，勃然突然，陈力以出”，为国为民，大干一番，“兼济天下”。

在元和十年（公元 815 年）被贬谪江州之后，白居易终于清醒地意识到，在当前的政治环境下，自己大干一番的“时机”永远也不会来了。于是，他决定“时之不来也，为雾豹，为冥鸿，寂兮寥兮，奉身而退”。从此以后，“独善其身”，变身闲人一个。

虽然此后他也曾服从朝廷调动，出任主客郎中、知制诰，中书舍人、杭州刺史、苏州刺史等职，但他的思想已经发生了质变，他不再是那个“兼济天下”、追名逐利的白居易了，而是一个“独善其身”、淡泊名利的白居易。

从此以后，他志于“闲”，逐于“闲”，求于“闲”，乐于“闲”，醉于“闲”。

终于在长庆四年(公元824年),年仅53岁的白居易到了洛阳,当上了“分司东都”的闲官，早早地过上了退休生活，从此远离了政治旋涡：“始知洛下分司坐，一日安闲直万金。”

直到他以 75 岁高龄离世，“闲”都是他二十多年晚年生活的主旋律。“闲适诗”就是他“独善其身”的产物。

## 立志当第一闲人

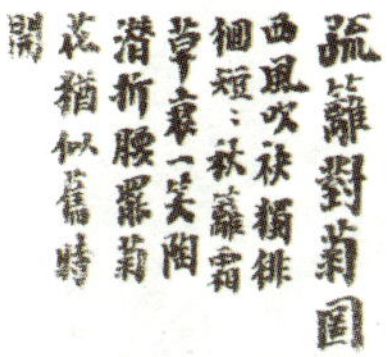

这首《夏日闲放》读下来，总的感觉是，开成三年（公元 838 年）大暑节气，已经 67 岁的白居易，坐在东都洛阳履道坊的宅院里，絮絮叨叨地拉家常。

曾经高不可攀的白大才子，如今成了慈祥可亲的居家老爷子。千百年之后，也可以经由《夏日闲放》这首诗，进而了解到他老人家日常生活中的衣食住行。

诗中关于“衣”有四句，“褰裳复岸帻，闲傲得自恣”，“夏服亦无多，蕉纱三五事”；“食”有两句，“午餐何所有，鱼肉一两味”；“住”有四句，“静室深下帘，小庭新扫地”，“朝景枕簟清，乘凉一觉睡”；

“行”也有两句，“时暑不出门，亦无宾客至”。

先说“衣”。穿衣服，在白居易的时代，可不是件小事儿。衣服的颜色和式样是“定尊卑、明贵贱、辨等列、序少长”的重要标志。

写《夏日闲放》之时，白居易虽然立志当第一闲人，但他仍然是扎扎实实的朝廷命官，时任从二品的太子少傅分司东都。67 岁的他，还需要再等三年，才能正式退休。

虽然白居易只是东都洛阳的闲官，但作为仍然在职的朝廷命官，在参加朝廷祭祀重大场合时，他要身穿从二品官员的祭服；在参加元正朝会等重要场合时，他要身穿从二品官员的朝服；当他坐在办公室里“日理万机”正常办公时，他要身穿从二品官员的公服。

祭服、朝服、公服的穿着，一是场合不能错，二是穿戴要整齐，否则会被御史弹劾——轻则斥退、罚俸，重则贬谪、流放，可不是闹着玩儿的。

但白居易在家里，穿着就随便多了——可以不裹头，不束带，不穿长衫，不穿靴。他在另一首《不出门》诗里写道，自己在家里，就是“披衣腰不带，散发头不巾”，穿得非常随意。

在《夏日闲放》里，白居易就穿着很薄很薄的蕉纱衣服，下身的衣服被撩了起来，头巾也被推到一边，露出了前额。这也难怪。一是在家里，二是天儿也太热了。

在《夏日闲放》里，白居易的“食”，是豪华版的“鱼肉一两味”。这当然与白居易的经济条件有关，在唐朝那个老百姓很难吃到肉食的年代，白居易能有鱼有肉地吃饭，相当不易。

在当时，可供白居易选择的肉食很多。畜肉方面有牛肉、羊肉、驴肉和狗肉；禽肉方面有鸡肉、鸭肉、鹅肉；野味方面有鹿肉、熊肉、骆驼肉、野猪肉、鹧鸪肉，甚至包括蛇、鼠、虫、猬等的肉类。

唐人对于肉类的烹饪，也是可蒸可煮，可作汤可做羹。更为重要的是，唐时排在第一位的肉类烹饪法，他们称之为“炙”，也就是现在的烧烤，这是唐人最为钟爱的烹肉手段。

唐时，鱼的产量丰富，而且被公认为是可口的美食。当时可吃的鱼，和我们今天差不多，主要有鲤鱼、鲂鱼、鲈鱼、鳜鱼、鲫鱼、鲇鱼、银鱼和常见的海鱼等等。

和我们今天不同的是，唐人食鱼，以“脍”法为主。所谓“脍”法，就是指将鱼肉切成细细的丝儿，经过调味之后，直接生吃。这种鱼肴，又叫“鱼鲙”。

唐人制作“鱼鲙”，非常讲究，不仅注重鱼的新鲜程度，而且注重刀具的选择、刀法的运用。史料表明，唐人制作“鱼鲙”必须使用专用的刀具——鲙手刀子，在唐玄宗李隆基赐给安禄山的物品清单中，就有“鲫鱼并鲙手刀子”。

奇怪的是，李隆基赏赐安禄山这样的宠臣，居然不是什么名贵鱼类，而只不过是鲫鱼这样的家常鱼类。当然，李隆基是自有他的道理的。

在鱼的品种上，唐人认为，“鲙莫先于鲫鱼，鳊、鲂、鲷、鲈次之”，鲫鱼既然排在第一，李隆基当然要赐给自己最“忠心”的臣子安禄山哪；刀法上有“小晃白”“大晃白”“舞梨花”“柳叶缕”“对翻蛱蝶”“千丈线”等多种刀法的区别。技艺娴熟的厨子在制作之时，雪刀翻飞，鱼丝罗列，宛如杂技表演。

唐人的“鱼鲙”，色泽鲜亮，造型优美；如果再加入橙丝拌之，称为“金齑玉鲙”，“南人鱼鲙，以细缕金橙拌之，号曰金齑玉鲙”。

白居易在《夏日闲放》中的午餐，吃的是哪种肉，肉又是如何烹饪的，不好猜测；但是鱼的吃法，倒是有些端倪。

白老爷子似乎不大喜欢“鱼鲙”这种主流生吃法，个人偏好是把鱼加热煮熟之后的吃法。他在《初下汉江舟中作寄两省给舍》中说“朝烟烹白鳞”，在《晨起送使病不行因过王十一馆居二首》中说“饭香鱼熟近中厨”，这都是把鱼煮熟了才吃的。

除了鱼和肉以外，白居易还很懂得养生之道，在他的日常生活中，一日三餐还是以素食为主的。

他其实是素食狂人。在他的诗中，经常可以见到“经时不思肉”“三旬断腥膻”“以我久蔬素”“腥血与荤蔬，停来一月余”“荤腥久不尝”等诗句；仅从诗题《仲夏斋戒月》《斋月静居》《斋戒》还可以看出，他似乎还在定期或者不定期地进行斋戒。

在杜甫感慨“人生七十古来稀”的年代，白居易能够活到75岁方才谢世，显然与他注重饮食的养生之道，有很大的关系。

白居易一生，重视“住”。他“所至处必筑居。在渭上有蔡渡之居，在江州有草堂之居，在长安有新昌之居，在洛中有履道之居”。

《夏日闲放》中的“静室深下帘，小庭新扫地”，“朝景枕簟清，乘凉一觉睡”

四句，就来自洛阳的“履道之居”——履道坊白府，也是他一生中最后的住处。

唐时的洛阳，是帝国的两个首都之一，又是一个三面环山、四水穿城山水环抱的园林城市，引得众多高官在此定居。

位于洛阳城东南部的履道坊，又是洛阳城中风水最佳之处。白居易对于这个住处很满意，曾经如此得意：“都城风土水木之胜在东南偏，东南之胜在履道里，里之胜在西北隅，西闬北垣第一第，即白氏叟乐天退老之地。”

白府占地 17 亩，大致相当于今天的 9000 平方米，包括三个部分——占地约三分之一的房屋，以及占地约三分之二的两个小花园——南园、西园。在两个花园中，水面占五分之一，竹林占九分之一：“地方十七亩，屋室三之一，水五之一，竹九之一。”

白府占地 9000 平方米，但是，在当时白居易买下这座房子，只能算是高官中的穷人了。

没有对比，就没有伤害。牛僧孺的牛府，此时也在洛阳城中。在距离白府两坊之地的归仁坊，而牛府竟然占据了一坊之地。一坊之地是个什么概念？当时洛阳城中的各坊面积大致相当，履道坊与归仁坊的面积大致一样，都是大约 474.6 亩地，大约 31.6 万平方米。

换句话说，牛府是 31.6 万平方米，白府是 0.9 万平方米，牛府是白府面积的 31 倍多！

然而白府虽小，但壶中有小天地，螺蛳壳中有道场。南园、西园两个花园之中，有假山，有小池，池中还有小岛，可以泛舟游玩。

更为得天独厚的是，白府花园之中的池水，还是流动的活水。清人徐松的《唐两京城坊考》记载：“居易宅在履道西门，宅西墙下临伊水渠，渠又周其宅之北。”也就是说，有一道伊渠，沿着白府西边院墙向北流去，然后在白府西北角右拐，再沿着白府北边院墙向东流走。

白居易利用这一水利之便，引水入南园、西园，使花园池水保持流动，同时还

别出心裁地在宅西墙下的水中放置巨石，使水石相激，造成潺湲之声，别成一趣。

白居易身处城市之中，却独享山水园林之乐，“住”得比我们现在 80% 以上的人都舒服。

关于“行”，白居易在《夏日闲放》中也有两句，“时暑不出门，亦无宾客至”，听起来，那是相当地空虚寂寞冷。

可是，千万别被老爷子骗了。他之所以写出这两句空虚寂寞冷的诗来，主要是因为天气热，他和他的一帮子好友暂时消停了而已。事实上，关于“游乐”，白老爷子还是很有一手的。

当时，就在履道坊白府的旁边，还环绕着白居易一帮子高官朋友的府第，分别是：归仁坊牛僧孺宅、履信坊元稹宅、集贤坊裴度宅、崇让坊韦瓘宅、怀仁坊刘禹锡宅。

这一帮子或赋闲或退休的高官，在洛阳城中过得热闹得很，经常组织茶会、酒会、诗会，还有中秋、元日等节日聚会。白居易基本上是每请必到、每会必与，他自己说“人家有美酒鸣琴者，靡不过”，还说“自居守洛川及洎布衣家，以宴游召者，亦时时往”，简直就是“招之即来，来之能喝，喝之必醉”的宴会狂人了，整个儿和二师兄猪八戒的净坛使者一个级别。

白居易还开过“七老会”和“九老会”这样史上著名的大聚会。

会昌五年（公元 845 年），74 岁的白居易作为主人，邀请胡杲、吉皎、郑据、刘贞、卢贞、张浑等六位年过七十的老人，加上他自己组成“七老”，在履道坊白府召开盛大聚会，载歌载舞，胡吃海塞，还写诗嘚瑟：“七人五百七十岁”。

这年夏天，在加了李元爽、禅僧如满二老之后，凑成“九老”，史称“香山九老”“洛中九老”“会昌九老”。

这九老齐聚白府，听歌、观舞、喝酒、吹牛、赋诗。白居易还请来画工为老人们“照相”，并在画像上题诗，名之曰《九老图诗并序》。

这些老家伙在白府听的歌、观的舞，都是谁表演的呢？自然是白居易老爷子的家中歌妓了。

现在的男人们，形容美女的嘴，还在说“樱桃小嘴”，形容美女的腰，还在说“小蛮腰”。其实，都是在拾白老爷子的牙慧：“樱桃樊素口，杨柳小蛮腰。”这两句诗，白老爷子是在夸家中那个名叫樊素的歌妓，那小嘴儿像樱桃一样小巧；夸家中那个名叫小蛮的歌妓，那小腰儿像杨柳一样妖娆。

在他家中，歌妓可不止樊素、小蛮二人。仅在他诗中提到的，就还有商玲珑、谢好、陈宠、沈平、李娟、张态、杨琼、容、满、蝉等三十多人。

## 大暑，一年中最热的节气

“小暑后十五日，斗指未，为大暑”，“小大者，就极热之中，分为大小，初后为小，望后为大也。大者，炎热至极也”，“暑，热也，就热之中分为大小，月初为小，月中为大，今则热气犹大也”。

大暑，是一年中最热的节气，也是喜温作物生长速度最快的时期，更是一年中旱涝、台风等自然灾害频发的时期。日平均气温在37℃以上的持续酷热，也将在这一节气前后出现。

每到大暑，最引人想念的，就是萤火虫。大暑时节，本应是萤火虫最盛的时候。

只是，由于生态环境恶化，这些当年曾经给农家穷小子带来无数欢乐和无尽遐想的小精灵，如今已难觅芳踪了。

# 立秋

一场秋雨一场寒，
十场秋雨换上棉。

### 立秋日悲怀

清晓上高台，秋风今日来。又添新节恨，犹抱故年哀。
泪岂挥能尽，泉终闭不开。更伤春月过，私服示无缞。

## 多年的悲哀，还没有从我心中散去

此诗作于唐元和九年（公元 814 年）立秋当天，作者令狐楚。看清楚了，作者是令狐楚，不是令狐冲。

**清晓上高台，秋风今日来：**立秋之日的清晨，我登上高台，迎接今天到来的秋风。

立秋日会有秋风到来，出自《逸周书·时训》：“立秋之日，凉风至。”

**又添新节恨，犹抱故年哀：**多年前的悲哀，还没有从我的心中散去，此时却又增添了新的遗憾。

**泪岂挥能尽，泉终闭不开：**眼泪岂是能够流尽的，黄泉的大门始终紧闭不开。

**更伤春月过，私服示无缞：**最伤心的就是今年正月（春月）一过，我平日就再也不能穿着丧服寄托哀思了。

此诗题名叫《立秋日悲怀》。又是眼泪，又是悲从中来，又是丧服，令狐楚这是什么情况？怎么立个秋，他就伤心成这样了？

他悲从中来，是有正当理由的。因为，他从此正式成为没爹没娘的孩子了，虽然这一年他已经 49 岁。

元和二年（公元 807 年），他的父亲去世，他成了没爹的孩子；五年之后，元和七年（公元 812 年），他的母亲去世，他成了没娘的孩子。

## 一手文章让三军“无不感泣”

在元和九年（公元 814 年）立秋这天，哭得一塌糊涂的令狐楚，刚刚度过他母亲的丁忧期。

“丁忧”中的“丁”，在这里是“遭逢、遇到”的意思，“忧”则是“居丧”的意思。所谓“丁忧”，就是“遭遇居丧”的意思。

从汉朝起，朝廷官员在遭遇祖父母、父母等直系尊长的丧事时，无论身在何处、担任何职，都必须在第一时间向朝廷辞职，回家穿上丧服，在一定时间内，为亲人守孝服丧。

如果该官员身处军事前线，或者职责重要到无人能够替代，朝廷可能会不同意该官员“丁忧”，命令其“夺情起复”。但是这种情况，比较罕见，从汉至清，应不会超过 100 例。

究其原因，还是“夺情起复”不符合封建王朝“忠治国孝齐家”的意识形态主旋律。

关于服丧时间，按照去世亲人与官员的亲疏程度，长短不同。其中，以为父母服丧时间最长，需要三年。按照唐制，父母去世服丧三年，但如果父在而母亡，可以只服丧一年。但令狐楚的父亲早在五年前就已去世，而且由于女皇武则天对于母亲地位的强调，早已颁有法令在先，所以令狐楚也必须为母亲服丧三年。

服丧三年的计算方法，并不是完整的 36 个月，而是每到一年的正月，即为一年。唐律的规定，最长为 27 个月。因此，令狐楚在诗中说“更伤春月过，私服示无缞”的意思是，到了元和九年（公元 814 年）正月，他的服丧满了三年。

“丁忧”除了服丧时间以外，还有诸多的限制。

第一个是服装要求，也就是令狐楚“私服示无縗”这一句中的那个“縗”字。“縗”指丧服，令狐楚为母亲去世“丁忧”，必须穿上最重的丧服——“斩衰”。

所谓“斩衰”，是指用最粗的生麻布制作的丧服。丧服本应裁剪而成，但不说“裁剪”而说“斩”，一是表达亲人去世孝子悲痛欲绝，以致没有心思仔细裁剪，而是挥刀将布草草斩成几大块披在身上之意；二是表示这类丧服无须缝边、无须任何修饰，同样也是表达悲痛欲绝之意。

在为母亲“丁忧”期间，令狐楚就必须要穿着“斩衰”，而且，他最好在母亲的墓地旁边，搭个草棚居住，这也有个说法，叫作“庐墓而居”。当然，这个事儿主要看孝子的个人意愿，并非强制性要求。如果没有“庐墓而居”，也可以住在家里，那就必须做到“父母之丧，居倚庐，寝苫枕块，寝不脱绖带”。

不仅如此，还有以下的强制性要求。这些要求如果违反了，既会被朝廷追究，也会被社会舆论谴责。

“丁忧”期间，不得自己奏乐或听人奏乐，不得参与樗蒲、双陆、弹棋、象博之类的杂戏。也就是说，下个棋都不行。

“丁忧”期间，不得将丧服换成吉服或常服，不得参与任何酒宴；兄弟之间不得分家；自己不得嫁娶，也不得为他人主婚、为他人做媒。

最麻烦的就是这一条了：“丁忧”期间不得生子。《唐律疏议》规定：“诸居父母丧，生子……徒一年”，即凡是在27个月“丁忧”期内怀胎者，不论其服内出生还是除服后出生，均处徒刑一年。当然，如果能够证明是在父母去世前怀胎，然后在“丁忧”期内生子的，则不予治罪。

还有，在“丁忧”期间，必须“头有疮则沐，身有疡则浴”，即身上发痒甚至长疮了才洗澡。最好呢，是达到“容貌哀毁，亲友皆不复识之”的程度，那才算是最有孝心的大孝子，才会被朝廷和社会舆论点赞。

饮食上，要保证既不因“虚而废事”，也不因“饱而忘哀”。禁止饮酒食肉，最好不要食用盐、酪、葱、蒜等刺激性食物，只能食用一些粗粝的饭菜充饥。

语言方面，“非丧事不言”，与丧事无关的事情一律不谈，尽可能保持沉默，以体现丧亲之痛。即使说话，也要简明、扼要，不要加过多的修饰之词。

不同的是，丁父忧时“唯而不对”，只发出应声而不回答别人的话；丁母忧时则是稍微宽松一点的“对而不言”，只回答别人的话而不主动说话。令狐楚这次是丁母忧，要遵守“对而不言”的规矩。

不可以随便说话，但可以随便哭泣。孝子居“父母之丧，不避泣涕而见人”，也就是说孝子可以随时而哭、随地而哭，想起来就可以大哭几声、小哭若干，不必拘泥场合。

以上就是自元和七年（公元 812 年）到元和九年（公元 814 年）正月，令狐楚丁母忧所过的日子；大致上，也是元和二年（公元 807 年）到元和四年（公元 809 年）令狐楚丁父忧所过的日子。

作为家中长子，令狐楚不仅在父母身后如此讲究孝心，而且在父母生前就十分讲究孝养。

贞元七年（公元 791 年），令狐楚以第五名进士及第时，其父令狐承简正在太原府功曹任上。

就在刚刚踏上仕途的令狐楚打算就近任官方便照顾父母时，却在第二年意外地得到了桂管观察使王拱的延聘。远在广西桂林的王拱，深知令狐楚人才难得，怕他嫌路远不愿意去，还采取了一个非常手段：“惧楚不从，乃先闻奏而后致聘。”即王拱先向朝廷奏请，把事情公开化，然后再向令狐楚送达聘书。

这下，令狐楚为难了：一边是父母需要奉养，一边是父辈的面子不能不给。思虑再三，令狐楚于贞元八年（公元 792 年）下半年，从太原出发，跋涉四五千里，到达桂林，以宏文馆校书郎的身份进入王拱的幕府任职。满一年之后，令狐楚得到了王拱谅解，“家在并汾间，急于禄养”“乞归奉养，即还太原”，再次跋涉四五千里，回到太原家中。

一件两难的事儿，被令狐楚办得如此漂亮，史称“人皆义之”。可见人家后来之所以能出将入相，身上的本事还真不是吹的。

当然，令狐楚这个搞法，自己还是蛮累的。以唐朝当时的交通道路条件，他这一跋涉就是四五千里，单程起码得舟车劳顿三个月以上。幸亏人虽然累死累活，效果还算不错。

回到太原奉养父母的令狐楚，大约在贞元十一年（公元 795 年）五月前后，进入河东节度使李说幕府，任掌书记。在这个负责为节度使奏章文书的职务上，他充分发挥了自己被刘禹锡誉为“今日文章主”，骈文为“一代文宗”的优势，干得风生水起。

首先，他那一手文章居然能够让皇帝“见字如面”。在此前基本没有机会与皇帝唐德宗单独见面的情况下，令狐楚硬是仅凭一手漂亮文章，就做到了让唐德宗对他“见字如面”——“德宗喜文，每省太原奏，必能辨楚所为，数称之。”

要知道，河东节度使的奏章，上面署的可都是节度使的名字，身为节度使幕僚的掌书记，是不够资格在这样的正式公文上面署名的。可就是这样，唐德宗仍然能够分辨出哪一篇奏章出自令狐楚的手笔，这就太牛了。我们是应该夸唐德宗的眼光毒呢，还是应该夸令狐楚的文笔妙呢？

其次，他那一手文章居然能够让三军“无不感泣”。令狐楚在太原，共经历了李说、郑儋、严绶等三任节度使。其中的郑儋，接任节度使不到一年的时间，就在未交代后事的情况下不幸暴卒，因此而引发了军中动乱：“中夜，十数骑持刃迫楚至军门，诸将环之，令草遗表。楚在白刃之中，搦管即成，读示三军，无不感泣，军情乃安。”

可惜令狐楚在刀架在脖子上的情况下，写出的这篇雄文没有流传下来，到底写了些什么、怎么写的，今人已不得而知。但他仅凭一手好文章，就消弭了一场兵变，却是史有明载。

这样的人才不调中央任职，简直浪费了。元和五年（公元 810 年），丁父忧服除之后，令狐楚调任长安，先后任右拾遗、太常博士、礼部员外郎，由地方僚属一跃成为中央清要之官。

他在丁母忧服除之后，被朝廷召为刑部员外郎。此次调任，属于正常岗位变动，级别未动。但就在他写下《立秋日悲怀》之后的当年八月，他飞黄腾达的机会来了。

这年八月，唐宪宗最宠爱的岐阳公主下嫁杜悰。因为礼仪官缺员，特命令狐楚以本官摄太常博士。精于礼仪的令狐楚在这次皇家婚礼中，表现极为抢眼：“当问名之答，上亲临帐幄，帘内以窥之，礼容甚伟，声气朗彻。上目送良久，谓左右曰：‘是官可用，记其姓名。’”

于是，继唐德宗之后，令狐楚又得到了另一位帝国皇帝唐宪宗的垂青。垂青的效果显著而且直接：当年十月，令狐楚擢职方员外郎，知制诰；十一月，令狐楚入充翰林学士，进中书舍人，成为天子近臣。

元和十四年（公元 819 年）七月，令狐楚擢升中书侍郎、同中书门下平章事，跃居帝国宰相，达到一生仕途顶峰。

此后的近二十年，令狐楚历经宦海沉浮。先后外放宣武军节度使、东都留守、天平军节度使、河东节度使，也曾两度入朝担任户部尚书和吏部尚书，封彭阳郡开国公。

令狐楚和白居易是好友，两个人生活在同一个时代，都要面对藩镇割据、朋党之争、宦官专权等三个中晚唐时期的政治毒瘤。同样的政治环境下，同为好友的两个人，却做出了不同的政治选择。

白居易的选择是逃避，他求为闲官，避往洛阳，远离政治斗争的中心。

而从令狐楚于开成二年（公元 837 年）十一月十二日以 72 岁高龄在山南西道节度使任上谢世就可以看出，他选择了面对。不仅如此，他还在这个混沌的官场上，保持了难得的正直与耿介。

比如他所经历的“甘露之变”，是唐史上专权的宦官们成百上千地大肆诛杀朝官的大惨变。大肆屠杀之后，望着长安街头还在流淌的鲜血，幸存的朝官早已是噤若寒蝉，向着手提滴血屠刀的权宦仇士良等俯首拜服。

只有令狐楚，这时还敢于站出来，为惨遭杀戮的宰相王涯、贾𫗧鸣冤抱屈：“既草诏，以王涯、贾𫗧冤，指其罪不切，仇士良等怨之。”后来，他又请求朝廷出面，

为遇难官员收尸：“从容奏：‘王涯等既伏辜，其家夷灭，遗骸弃捐。请官为收瘗，以顺阳和之气。’”在宦官一言不合就拔刀相砍的恐怖时期，令狐楚这样做，是需要巨大勇气的。

令狐楚一生，不仅仕途通达，出将入相，而且驰骋文坛，名震一时。他对李商隐有知遇之恩，与白居易、刘禹锡、贾岛、王建、张籍、李逢吉等酬唱。被好朋友白居易称为“诗敌”，又被好朋友刘禹锡誉为“今日文章主”，直到五代时期修撰《旧唐书》时，史臣刘昫等人还赞叹他是“一代文宗”。

《全唐诗》录有他近 60 首诗，《全唐文》录有他近 140 篇文。可是，令狐楚至今仍然是一位被严重低估和忽视的唐朝诗人。

值得一提的是，令狐楚后继有人，教子有方。长子令狐绪，历随州、寿州、汝州刺史，“在汝州日，有能政，郡人请立碑颂德”。次子令狐绹更是不得了，在唐宣宗大中四年（公元 850 年）和父亲一样成为帝国宰相。并且比父亲还要辉煌的是，他从这年起直到大中十三年（859 年），执掌帝国中枢政事长达十年之久，“宣宗以政事委令狐绹，君臣道契，人无间然”。虽然唐朝父子宰相并不算少，但令狐楚令狐绹父子俩仍然是难得的异数。

## “咬秋”应该咬什么瓜呢

立秋，是一年之中秋季开始的节气。“立秋，七月节”，“大暑后十五日，斗指坤，为立秋。秋，揫也，万物揫敛成就也，故谓立秋”。

立，建也，始也；秋，揫也，物于此而揫敛也。从立秋这一天开始，天高气爽，月明风清，气温开始逐渐下降。

“秋”字，左“禾”右“火”，本身就标志着禾谷成熟。立秋，也意味着一年中最大的收获季节到来。一年秋收之际，是劳动人民的喜庆时刻。

立秋之时，我国多地有“咬秋”风俗。清朝张焘在《津门杂记 · 岁时风俗》中记载说“立秋之时食瓜，曰咬秋，可免腹泻”。“咬秋”应该咬什么瓜呢？多达六种，分别是黄瓜、苦瓜、丝瓜、南瓜、西瓜、冬瓜。也是金秋时节常见的吃食了。

立秋下雨人欢乐，处暑下雨万人愁。

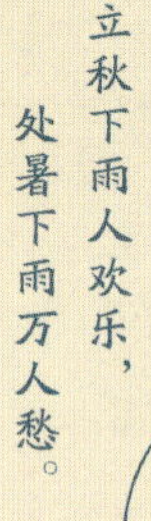

# 处暑

宿无极县（其一）

土壤濒瀛海，风烟自一方。气交才处暑，夜寂便生凉。老水易蒸雨，积阴常胜阳。妖蝗夺农力，晚稼半成荒。

## 一到夜晚，就已经感觉到凉意了

元朝至元六年（公元 1269 年）处暑时节，43 岁的户部员外郎胡祗遹，因公到当年的“幽青冲要地”，也就是今天的河北省无极县出差。

这一天，胡祗遹夜宿无极县廨，所见所闻，感而赋诗，写下《宿无极县》三首，这是其中的第一首。

**土壤濒瀛海，风烟自一方：**无极县濒临大海，风土人情自有其一方特色。

胡祗遹也是河北人。他的家乡距离无极县不远，就在邯郸西北的武安县。但是，当胡祗遹来到距离渤海只有 200 多公里、比自己武安家乡更接近大海的无极县时，仍然感觉大不相同。

**气交才处暑，夜寂便生凉：**如今才只是处暑时节，可一到夜晚就已经感觉有凉意了。

**老水易蒸雨，积阴常胜阳：**处暑之日，正是一年中阴气始生的时候；此时，经过一个夏天蒸发的水蒸气，会形成一场又一场的秋雨。

**妖蝗夺农力，晚稼半成荒：**到处肆虐的蝗虫，吞食了农民们的劳动成果，田野上的庄稼荒废了将近一半。

在胡祇遹写下《宿无极县》的至元六年（公元 1269 年），“北自幽蓟，南抵淮汉，右太行，左东海，皆蝗”。所以，负有到各地巡察灾情、捕杀蝗虫任务职责的户部员外郎胡祇遹，才痛心地写下“妖蝗夺农力，晚稼半成荒”。一个“妖”字，足见这位诗人兼官员当时对蝗虫的痛恨。

这是一首典型的“行役诗”。所谓“行役诗”，是指诗人因服兵役、劳役或公务出外跋涉之时，写下的反映当时心情和经历的诗，记录了诗人跋涉途中的生活。

最早的“行役诗”，可以从我国古代诗歌的源头、最早的一部诗歌总集《诗经》里面去找。《诗经》305 篇，有将近十分之一是“行役诗”，比如《采薇》《何草不黄》等名篇。

此后的历朝历代，“行役诗”历久弥盛，不断有诗人自觉继承“行役诗”的传统，写出脍炙人口的“行役诗”来，名篇佳作屡见不鲜。

胡祇遹当然未必是最牛的“行役诗”继承者，但他一生宦游山西、湖北、山东、江苏、浙江等地，写下了大量类似《宿无极县》《宿潭口驿》《宿兖州廨》《过阳信县》这样的“行役诗”。

看来，他也是个有故事的人哪。

## 不能为名臣，便当作高士

胡祇遹（1227—1295），字绍闻，号紫山。

身为元朝初年之人的他，拥有一个非典型的名与字。“祇遹”与“绍闻”，都是“恭敬地遵循、传承祖先良好家风和名声”的意思，两者是前后呼应、意义相关的一对词儿。

这两个词在一起搭配的历史，则非常久远，源自《尚书·康诰》：“今民将在祇遹乃文考，绍闻衣德言。”也就是说，从《尚书》开始，“祇遹”与“绍闻”就已是稳定搭配的一对词儿。

这一搭配，还一直传承到了清朝。位于北京景山正北供奉清朝历代皇帝神像的寿皇殿，其左宝坊匾额就镶嵌着乾隆御题的四个大字——“绍闻祗遹”。

而胡祗遹自号紫山，则是因为他曾在家乡武安县的紫金山读书。

紫金山又叫紫山，属太行山脉，位于河北邯郸西北。紫金山面积 20 平方公里，主峰海拔 498.4 米，是邯郸佛教、道教之圣地。

所以，胡祗遹的名、字、号，虽然非典型，但却都是有故事的。

拥有一个非典型名字的胡祗遹，是元朝初年的一个典型文人。

公元 1227 年（金朝正大四年、蒙古太祖二十二年、西夏宝义元年、南宋宝庆三年）十月，胡祗遹出生于金国的磁州武安。而从这一连串的年号我们可以知道，他出生之时正是名副其实的乱世。

胡祗遹所在的家族，是武安著名的书香门第。比较特别的是，胡家这个书香门第收藏的第一批书，是抢来的。

金朝大定元年（公元 1161 年），金国皇帝完颜亮发动“正隆南伐”。当时武安一位名叫胡益的年轻人，以良家子从征入伍。他跟着大军去南方走了一遭，没有带回金银财宝，却从宋朝国子监抢得大批图书而归。

靠着这批图书，胡益在家里建起了像模像样的“万卷堂”，百战归来再读书。

这位胡益，就是胡祗遹的高祖父。胡祗遹的曾祖父是胡溶，祖父是胡景崧。他的父亲名叫胡德珪，在胡祗遹出生的那一年考上了金朝的进士，官至儒林郎、富平县主簿。

到了胡祗遹这一代，祖宗们厚积百年的才学，终于在他的身上集中爆发了。胡祗遹天赋异禀，一身兼具儒学义理之才、政务经济之才、文学辞章之才。

儒学义理之才方面，“潜心伊洛之学，慨然以斯文为己任，一时名卿士大夫咸器重之”。

政务经济之才方面，“以吏材名一时”，被称为“经济之良材，时务之俊杰”。

文学词章之才方面，著有《紫山大全集》，被誉为元朝文坛“中流一柱”、“元代戏剧学第一人”，他的散曲被《词品》评为“如秋潭孤月”，郑振铎点评为“所作短曲，颇饶逸趣”。

他是著名文学家、历史学家元好问的学生，也曾师从元初政坛领袖、文坛领袖王磐和元初名儒杜瑛；他是元曲四大家关汉卿、白朴的朋友，他还是著名书法家、画家、诗人赵孟頫的朋友。

这么说吧，胡祗遹是一位大大的才子，是一位全能型选手。

**首先，胡祗遹是官场幸运儿。**

中统元年（1260 年），忽必烈继位。也是在这一年，34 岁的胡祗遹由张文谦举荐为员外郎，就此踏入官场。

必须指出，当时胡祗遹能有此际遇进入官场，实在是异数。

因为，胡祗遹是汉人，还是蒙古人统治之下的汉人，还是蒙古人统治之下汉人中的读书人。

众所周知，汉人在蒙古人统治之下的地位，不是第三就是第四。有人说这不是挤进前五强了吗？不错啊。问题是，只有前四名哪，分别是蒙古人、色目人、汉人、南人。

在元朝，“南人”的意思是，南宋统治区域的汉人；“汉人”的意思是，蒙古帝国较早征服的原来生活在金、辽、西夏统治区域的汉人。

还好还好，胡祗遹是金国的汉人，好歹挤进了前三强。

而读书人在元朝统治之下的地位，就相当惨了，名列第九——元制：“一官、二吏、三僧、四道、五医、六工、七猎、八妓、九儒、十丐。”，这样的社会地位，一般情况下，胡祗遹是很难进入官场的。

在元朝，仕进只有四条路：一怯薛，二科举，三承荫，四吏员。

“怯薛”，在蒙古语中是“番直宿卫”之意，指蒙古帝国和元朝的禁卫军。这是蒙古人和色目人的特权，胡祗遹是想都不敢想的。

“承荫”胡祗遹也没戏。这也是没办法，他爹的级别太低，他也就没有“承荫”的福分。

至于“吏员”，又不是胡祗遹这样的读书人能够放下身段的路径。只有靠科举了。

然而，在胡祗遹的时代，科举也靠不住，不仅靠不住，而且胡祗遹也等不来。

奇葩的元朝，直到王朝灭亡只进行了 16 次科举考试，而第一次科举考试还要等到延祐二年（公元 1315 年），即胡祗遹死后 20 年才举行。

所以，在这样一个南人完全没戏、汉人基本没戏、读书人几乎没戏的元朝官场，胡祗遹能够经举荐而进入官场，实在是当时为数不多的官场幸运儿。

大约至元十一年（公元 1274 年），48 岁的胡祗遹被派往山西，担任太原路治中，兼提举本路铁冶。

两年之后的至元十三年（公元 1276 年），胡祗遹转任湖北，担任荆湖北道宣慰副使。这一次胡祗遹在湖北的任职时间长达五年，虽然他本人并不喜欢湖北。他很郁闷地写道：“南迁二千里，风土异吾乡。十月犹蚊蚋，三餐尽桂姜。”

至元十九年（公元 1282 年），56 岁的胡祗遹转任山东，升任山东西道提刑按察使。这一次胡祗遹在山东的任职，时间也是五年，可是他本人非常喜欢山东。他很欣喜地写道：“爱历下风烟，江湖郛郭，城市山林。”

至元二十五年（公元 1288 年），已经 62 岁的胡祗遹转任江南浙西道提刑按察使，来到杭州。担任此职三年之后，他北还故里，读书教子，诗酒自娱，于元贞元年（公元 1295 年）69 岁时去世。

**其次，胡祗遹也是文坛多面手。**

作为新一代的文坛领袖，胡祗遹能作诗，能作词，还能作曲，更能作文。《全元文》收其文 310 篇，《全元散曲》收其曲 11 首，《全金元词》收其词 23 首。

对于胡祗遹的文学作品，《四库全书总目》给了一个总评：“今观其集，大抵学问出于宋儒，以笃实为宗，而务求明体达用，不屑为空虚之谈。诗文自抒胸臆，无所依仿，亦无所雕饰，惟以理明词达为主。”

应该说，这是一个相当高的评价。

他的诗，史上评价也颇高。好友王恽称赞他的诗“只将健笔凌云句，亦是诗坛不朽名”，张之翰甚至称赞他“文章勋业乘除里，太白渊明伯仲间”。

他的诗可分为四类——行役诗、讽喻诗、隐逸诗、题画诗。其中有相当多的篇章涉及当时的政治民生现实：或指陈弊政，向朝廷建言献策；或目睹战后凋敝，哀怜民生多艰；或感叹地方官施政困难，直抒对官场生活的疲倦和对家乡的思念。

公平地说，胡祗遹的诗歌，充分体现了元诗粗豪、直露的特点。虽然数量丰富，但是质量一般，佳篇不多。胡祗遹尚且是文坛领袖级的人物，其余元朝诗人的创作水平可见一斑了。

胡祗遹现存 23 首词。从内容看，可分为酬唱赠答、祝寿庆岁、纪游宴饮、纪事抒怀等四大类，主要还是酬唱赠答。总的来看胡祗遹的词自然晓畅、又不失清丽俊雅，蕴含一种超逸之气。

胡祗遹最大的成就，还是在散曲方面，虽然作品并不算多，现存仅仅只有 11 首。内容大致分为写景、隐逸和咏妓三类，其中着墨最多的，还是写景之作。

与同时期文人相比，他是将散曲用于表达士大夫闲适自适心态的典型人物之一。最重要的是，他的散曲风格，还直接影响到了关汉卿、白朴等元曲大家的创作，直接助力了元曲繁荣。

**最后，胡祗遹还是仕途明白人。**

“不能为名臣，便当作高士”。这是胡祗遹在步入仕途的第九年，即至元五年（公元 1268 年）写下的诗句。这两句诗，恰是他一生仕途的真实写照。

从公元 1260 年到公元 1291 年，他用了一生中最为美好的三十年时间，去努力做一个名臣；然后，从公元 1292 年到公元 1295 年，他只给自己留了三年时间，去实现年少时的梦想，做一个高士。

要我说，他留给自己的时间，太少了。至少，还应该再早个五年。

本来，作为金国的遗民，青年时期的胡祗遹，对新政权并没有任何抵触。在仕进这一问题上，他是积极的，追求的是“百年何足荣，万古名不灭”。所以，当他一踏入官场，就立志兼济天下，那时他对于“高士”退隐的生活方式，也就是想想而已，心中并不完全赞同。

然而，现实生活的残酷，终于还是慢慢消磨了他的“名臣”理想。即便胡祗遹面对的，是以开明著称的忽必烈，但对于汉族文人也是一方面拉拢，一方面提防。胡祗遹就是在忽必烈的拉拢与提防的夹缝中间，宦海沉浮的。

称帝伊始的忽必烈，一开始还是比较重视儒臣治国的，对汉族文人以拉拢为主。所以，胡祗遹在他称帝的元年就被举荐入仕。

但是，仅仅两年之后，中统三年（公元 1262 年）的李璮叛乱事件，极大地拉低了忽必烈对于汉族文人的信任度，他转而重用色目人阿合马，对汉族文人开始以提防为主。

而对阿合马的重用，更是加剧了汉人大臣与蒙古人、色目人大臣之间的政见之争。正是在这样的背景下，胡祗遹才被调离京师，辗转地方任职近二十年之久。

身在地方的胡祗遹，虽然仍然不改兼济天下的初衷，所到之处仍然恪尽职守，但受限于当局森严的等级制度，他开始逐渐明白，“名臣”只是梦想，“高士”才是现实。

而他离开官场，也与“名臣”梦碎有关，他是在“圣眷愈隆，官声愈显”的情况下突然辞官的。当时他担任江南浙西道提刑按察使，因为依法处置了骑在百姓头上作威作福的“税司逻卒”，竟然引来浙西行省官员的不满。他愤然辞职，“即轻舟还相下，筑读易堂以居，若将终身焉”。

回到故里的胡祗遹，只做了三件事：一是躬耕自乐，二是诗酒自娱，三是著书立说。这时的他，“名臣”梦碎，开始追求“高士”的生活。胡祗遹晚年曾有一首词，充分说明了他的这种心态：渔得鱼心满愿足，樵得樵眼笑眉舒。一个罢了钓竿，一个收了斤斧。林泉下偶然相遇，是两个不识字渔樵士大夫，他两个笑加加地谈今论古。

直到此时，胡祗遹总算修炼成了一个仕途明白人，完全看开了，完全想通了，虽然晚了点。

## 气温由寒冷向冬天过渡

处暑，顾名思义，一般会认为这是一个“处于暑天之中”的节气。然而，恰恰相反的是，这里的“处”是“终止、隐退”之意，所以“处暑”的意思是“夏天暑热正式终止”。“处，止也，暑气至此而止矣。”

即可理解为，“处暑”就是“出暑”。

古人认为，处暑时节有三大物候：“一候鹰乃祭鸟；二候天地始肃；三候禾乃登。”简单说，一是鹰开始大量捕猎鸟类；二是天地间万物开始凋零；三是黍、稷、稻、粱等“禾”类农作物成熟。

处暑节气的到来，意味着暑气将于这一天结束，我国大部分地区气温将开始逐渐下降。处暑，一个代表气温由炎热向寒冷过渡的节气。也正是因为意识到了这一点，身在河北的胡祗遹才在《宿无极县》中写道“气交才处暑，夜寂便生凉”。

# 白露

白露满地红黄白，
棉花地里人如海。

### 月夜忆舍弟

戍鼓断人行，边秋一雁声。露从今夜白，月是故乡明。
有弟皆分散，无家问死生。寄书长不达，况乃未休兵。

## 故乡的月亮，肯定比这里的月亮更加明亮

唐乾元二年（公元759年）白露节气，明月当空之夜，身在秦州（甘肃天水）的“诗圣”杜甫，想他弟弟了。

杜甫一共有四个同父异母的亲弟弟，分别是杜颖、杜观、杜丰、杜占。其中杜占因为年纪幼小，此刻正跟随在杜甫身边。所以，杜甫这时想的，是另外三个已经长大成人的弟弟。

在这年的白露节气，杜甫能够出现在秦州，还深深挂念已经长大成人的弟弟们，自有其充足的理由。

此时的大唐帝国，正处在“安史之乱”的战乱动荡之中，叛军正在到处烧杀抢掠。而杜甫的三个弟弟——杜颖在临邑（山东德州），杜观在许州（河南许昌），杜丰则在洛阳，他们全部身陷战区。兵荒马乱的，怎能不叫杜甫牵肠挂肚？

所以，“诗圣”才写下了这首《月夜忆舍弟》。

**戍鼓断人行，边秋一雁声：**戍楼上的更鼓响过之后，路上已经没有了行人，只有一只孤雁悲鸣着，从秋天的边境飞过。

古人以“雁”喻兄弟，典故出自《礼记·王制》：“父之齿随行，兄之齿雁行，朋友不相逾。”所以杜甫一听到雁的叫声，就想起了身陷战区的兄弟们。

话说这句中的“雁”可是“诗圣”杜甫最喜欢的鸟儿。在他的诗中，雁的出场次数最多，达到了 78 次，远远超过 50 次的凤、44 次的鹤、40 次的鸥。

**露从今夜白，月是故乡明：**今天已经是白露了，月光皎洁如水，但故乡的月亮，肯定比这里的月亮更加明亮。

这是千古名句，尤其是后面那句“月是故乡明”。近代以来，“月是故乡明”更是成为了在国外漂泊华人的口头禅。多少身处异国他乡的华侨，一念叨杜甫的这句诗，就老泪纵横。

**有弟皆分散，无家问死生：**我与弟弟早已分散各地，失去家园以来，我也无处打听兄弟们的生死。

**寄书长不达，况乃未休兵：**平时寄出的家书尚且经常难以到达，何况如今正烽火连天地在打仗。

这是杜甫的一首“亲情诗”。所谓“亲情诗”，是指诗人写给自己的夫或妻、父母、子女、兄弟、姐妹的诗。

据不完全统计，杜甫一生写有近百首“亲情诗”，其中有 30 篇是身为长兄的他，写给自己四个弟弟和一个妹妹的。这 30 篇，同时也可以称之为“兄弟诗”。

杜甫的第一首“兄弟诗”，是写于“安史之乱”前，也就是天宝四载（公元 745 年）的《临邑舍弟书至苦雨黄河泛溢堤防之患簿领所忧因寄此诗用宽其意》；第二首“兄弟诗”，就是写于“安史之乱”后，也就是至德元年载（公元 756 年）的《得舍弟消息二首》。

此后，处于战乱之中的杜甫，开始年年、月月、日日、时时关注分散各地弟弟妹妹们的消息，集中地写下了多首“兄弟诗”。《月夜忆舍弟》，就是他的第八首“兄弟诗”。

## “诗圣”在唐朝，也就是个普通人

今天的我们，尊杜甫为“诗圣”。其实在唐朝，杜甫也就是一个普通人。

“安史之乱”，是身为普通人的杜甫，一生中的分水岭。他的命运因为战乱，由无忧无虑、读书漫游，而变得颠沛流离，尝尽悲欢离合。

杜甫出身官宦名门。第十三世祖杜预，是西晋著名政治家、军事家和学者；祖父杜审言，是唐高宗、武则天时期的著名诗人，是唐朝“近体诗”的奠基人之一。

在这样一个“奉儒守官”的家庭里，杜甫从小就受到了很好的教育。35 岁之前，他过的都是无忧无虑的读书漫游生活。他先是南游吴越，然后北游齐赵。正是在北游齐赵期间，他于天宝三载（公元 744 年）结识了一生的好友李白、高适等人。

天宝六载（公元 747 年），杜甫怀着“致君尧舜上，再使风俗淳”的远大志向，到长安参加科举未第，从此开始了长达十年的长安求官生涯。

这十年，普通人杜甫，过得平平淡淡，甚至有些窘迫。因为一直是布衣之身，所以杜甫没有薪俸收入，手头也一直比较紧，以至于需要“卖药都市，寄食友朋”。直到天宝十四载（公元 755 年），他才获得太子右卫率府胄曹参军这个从八品下的官职。然而，也就是在这一年，“安史之乱”爆发。杜甫的这个点儿啊，也是真背。

大乱来临时，杜甫正在长安以东的奉先（陕西蒲城县）探望此前寄居于此的妻儿。在听闻唐肃宗李亨灵武即位之后，杜甫将妻儿安置在长安正北约 200 公里的鄜州（陕西富县），只身赶往灵武。

不料途中却为叛军擒获，被押至长安。此时，我们熟悉的另一位大诗人王维，也被叛军关押在长安。不过，杜甫比一直被关押、后来还被迫担任伪职的王维幸运，他找机会逃出了长安，并顺利到达灵武，于至德二载（公元 757 年）五月十六日被唐肃宗李亨任命为左拾遗。这一年，他 45 岁。

就仕途起步的年龄而言，杜甫是稍微晚了一点；但就仕途起步的职务而言，杜甫担任的正是唐朝众多高官起步的难得美职。

左拾遗是隶属于唐朝中央政府机

构门下省的谏官，虽然级别只是从八品上，但这是在皇帝身边侍从值班的清望谏官。要知道，唐朝有 80% 以上的宰相是由拾遗、补阙、监察御史这样的清望谏官起步的。

可惜，杜甫官运不济，又开始走背字儿。左拾遗只当了几个月时间，他就因为上疏救援宰相房琯的事触怒皇帝，于乾元元年（公元 758 年）六月被贬为华州（陕西渭南）司功参军。

次年七月，因“时关辅乱离，谷食踊贵”“关辅饥”，吃不饱肚子的杜甫，只好从华州辞职，带领家人，加入逃难民众的队伍，来到了他此时写下《月夜忆舍弟》的秦州。

而在秦州度过了白露节气，并且总共只待了短短三个多月的杜甫，此时正处于一生之中最为艰难的时刻。

绝非夸张。杜甫在年少时没有吃过什么苦，长安十年也就是日子过得紧巴了一点，秦州之后，他后来在成都杜甫草堂的日子，也还算安逸。

而在秦州，处于逃难中的杜甫，过的是“居无定所”“食不果腹”“多病缠身”“想亲念友”的日子。种种因素叠加起来，杜甫在秦州的日子，就过得比黄连还苦。

先说“居无定所”。杜甫来到西距长安近千里的秦州，本来就是逃难，“居无定所”自然属于正常。但他此行的初衷，是确有定居之意的。

杜甫于乾元二年（公元 759 年）七月到达秦州时，先是租住在秦州城内，后又到侄子杜佐家中寄居过一段时间。在此期间，他曾先后在秦州的东柯谷和西枝村两个地方，寻找建设草堂定居下来的地儿。

还好，杜甫没有找到理想的地儿，否则，我们今天就得到甘肃天水而不是四川成都去参观杜甫草堂了。

杜甫因为什么原因而没有定居秦州，史无明载。最主要的原因，可能是因为不安全。

秦州，当时已是地理位置关键的边境要地。这正是杜甫诗中“边秋一雁声”那个“边”字的来由。“安史之乱”爆发之后，疲于应付的唐朝中央政府没有办法，只好拆东墙补西墙，把秦州所在的陇右道部队，包括帝国西部边境的其余防御兵力大量东调，以图先行解救首都被围之急。

但这样做的后果很严重。陇右兵力空虚之后，吐蕃军队乘虚而入，战略位置重要的秦州，早已被其锁定。这样一来，秦州城中，“警急烽常报，传闻檄屡飞”“鼓角缘边郡”“城上胡笳奏”，已是常态。

在杜甫心中，吐蕃军队只怕比安史叛军还要厉害一些。安史叛军好歹能听懂他的话，把他关起来之后也能找个机会开溜，吐蕃军队要是不耐烦他的文绉绉，说不定提刀就把他砍了。

太危险了，得走。于是，他在留下“卜居意未展，杖策且回暮”的诗句之后的当年十月，就离开了秦州，从而成为甘肃省天水市史上最著名的过客之一。

当然，杜甫没有定居秦州，可能还有另外一个原因，那就是他在秦州吃不饱肚子，一家人经常处于食不果腹的边缘。

他在离开秦州时的诗中，提及了自己当时吃的日常食物：“充肠多薯蓣”“崖蜜亦易求”“密竹复冬笋”。薯蓣，就是山药；崖蜜，指的是野生蜂蜜；再加上冬笋，杜老爷子吃的都是纯天然、野生、绿色食物，真叫人羡慕。

可那年的杜甫，却只是因为别无选择。最难的时候，杜甫还要靠捡拾山中的橡实、栗子，甚至挖掘黄精这样的药材来填饱家人们的肚子。

即便如此，杜甫吃的东西还是太素了，基本跟喂兔子差不多。

一辈子在吃这件事儿上苦哈哈的杜甫，似乎一直跟肉食荤菜的缘分不大，而且他的肠胃因为长期吃素已经受不了大油大荤的刺激了。最后，老爷子竟然因为“啖牛肉白酒，一夕而卒”，实在是因为他本人并没有深刻意识到这一点啊。

就是吃青菜，也经常不够，只能依靠亲友馈赠了。他在秦州的朋友——隐士阮昉，就曾经送给杜甫三十束薤：“盈筐承露薤，不待致书求。”（《秋日阮隐居致薤三十束》）

杜甫这时的主食是黄粱，“白露黄粱熟”，“正想滑流匙”。可是，杜甫在秦州，一无田地，二无时间耕种，全靠自己的一点积蓄和亲友接济，终究还是一个“食不果腹”的局面。

在如此之差的营养条件下，偏偏抵达秦州之时的杜甫，已经是“多病缠身”了。

最早找上他的，是肺病。天宝十二载（公元 753 年），他还在长安时就说自己“常有肺气之疾”，“衰年病肺惟高枕”“肺病几时朝日边”。为此，他经常气喘咳嗽、肺枯口渴，夜晚只能高枕而卧。

祸不单行。转年，他又患上了疟疾。他在秦州作诗，就谈到了自己疟疾发作的具体情况。“隔日搜脂髓，增寒抱雪霜”，说明他患上的是隔日发作一次的寒疟。而且非常严重，痛苦程度达到了“搜脂髓”的地步。

到了“安史之乱”爆发的天宝十四载（公元 755 年）时，杜甫又得了消渴症：“长卿多病久”。因为司马相如曾得过消渴症，而司马相如又字长卿，所以古代称消渴症为“长卿病”。消渴症相当于我们今天的糖尿病。

同时，杜甫还有牙疾、眼暗、耳聋、足弱等小毛病；再加上前面所说的肺病、疟疾、糖尿病，杜甫已经全身是病了。

可他此时才刚刚 48 岁啊，哪里还是当年那个“一日上树能千回”的杜甫啊！

自己都这样了，杜甫还在“想亲念友”。除了在《月夜忆舍弟》中想念弟弟们以外，他在秦州，还分外思念另外一个人。正是李白。

在秦州，杜甫是早也想李白，晚也想李白，清醒时想李白，做梦时也想李白。有《梦李白二首》为证：“三夜频梦君，情亲见君意”。

除此以外，杜甫在秦州想李白，还写了《天末怀李白》《寄李十二白二十韵》，总共 4 首诗。他一生给李白写了 14 首诗，秦州这 4 首，只占总数的三分之一。

但是，另外一个数据就比较震惊了——杜甫在秦州只待了短短的三个月。这么短的时间，他就想李白想出了 4 首诗，平均一个月超过一首啊。

为什么这么频繁？当然有原因，而且，至少有两条。

第一个原因，秦州是李白的祖籍之地。

第二个原因，这一年的李白，正在危难之中。两年前的至德二载（公元 757 年），李白因陷入永王李璘案，被流放夜郎。杜甫到达秦州之时，李白正在流放途中，所以杜甫极为惦念老友，才一想再想。

不同的是，写《梦李白二首》和《天末怀李白》时，杜甫只知道李白正在长途跋涉前往夜郎的途中；而写下《寄李十二白二十韵》时，杜甫已经确知，李白已于本年二月在白帝城遇赦，“千里江陵一日还”，于是狠狠地为好友高兴了一下。这也算是他在逃难秦州之时，唯一一件值得高兴的事儿了吧。

好友是逢凶化吉，遇赦放归了，可弟弟们还是音信全无。所以，在这样一个月夜，杜甫再次想起了他的弟弟们。

## 《诗经》是白露入诗的源头

白露，“露至秋而白也”，这是一个反映自然界气温变化的节令。《月令七十二候集解》载，白露为“八月节，秋属金，金色白，阴气渐重，露凝而白也”。

“露”是由于温度降低，水汽在地面或近地物体上凝结而成的水珠。“白露”之得名，缘于从这一天起，一天比一天凉，露水也一天比一天多，此时的露富有光泽，明亮而没有颜色，故称“白露”。

白露时节的天气，正如《礼记》中所记录的：“凉风至，白露降，寒蝉鸣。”一到白露节气，人们就会明显地感觉到，炎热的夏天已经过去，凉爽的秋天已经到来。

而“白露”进入诗中，则不必等待“诗圣”杜甫的这首《月夜忆舍弟》了。比杜甫更早的《诗经》，才是“白露”入诗的源头。就在《诗经·秦风·蒹葭》篇里面，那还是我们耳熟能详的名句哪：

“蒹葭苍苍，白露为霜。所谓伊人，在水一方。”

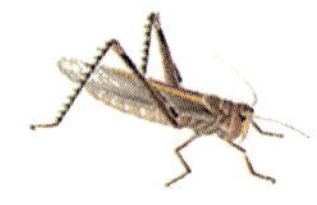

# 秋分

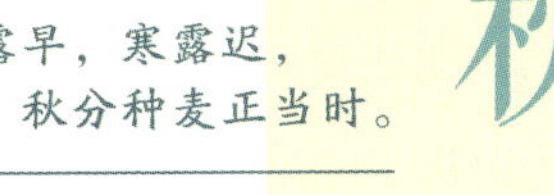


## 一字南飞的鸿雁，更显天空辽阔

北宋熙宁三年（公元 1070 年）秋分节气的夜晚，河北大名府，63 岁的本地最高行政长官——“判大名府”韩琦，在长夜之饮，于酒酣之际，写下了上面这首诗。

**淅淅风清叶未凋，秋分残景自萧条：**在淅淅秋风吹拂下的树叶，虽然还没有凋零，但秋分时节的草木，已经开始显得萧条了。

**禾头无耳时微旱，蚊嘴生花毒渐销：**今年秋分无雨，稍有旱情，但并非灾年；而进入八月的蚊子，嘴上开了花，不会再咬人了。

这两句，韩琦是针对两句谚语而写的。

“禾头无耳”，来自《朝野佥载》中记载的一个谚语：“秋雨甲子，禾头生耳”。意思是秋天的庄稼，在遭遇过量雨水灾害之后，其禾头会长出卷曲如耳形的芽蘖。由于顶部出芽，这一季的庄稼就只好报废了。既然“禾头无耳”，则并非灾年，庄稼仍然有望丰收。此句表达的是，韩琦作为地方行政长官，关心农民收成的心情。

“蚊嘴生花”，也来自民间的谚语“六月半，蚊嘴赛过钻；八月八，蚊嘴开了花”。意思是蚊子在夏季最为活跃，

### 庚戌秋分

淅淅风清叶未凋，秋分残景自萧条。禾头无耳时微旱，蚊嘴生花毒渐销。

钱迸嫩苔陈阁静，字横宾雁楚天遥。西园宴集偏宜夜，坐看圆蟾过丽谯。

叮人传播病毒，但只要过了八月初八，到了秋分时节，就不再肆虐了。此句表达的是，韩琦作为普通人，在夜饮之际，描述“蚊子少了，不那么叮人了；即使叮人也不那么毒了”的感觉，所以“毒渐销”。

**钱进嫩苔陈阁静，字横宾雁楚天遥：**水面上一圈一圈状如铜钱的绿苔，更显得水阁宁静；空中那一字南飞的鸿雁，更显得天空辽阔。

**西园宴集偏宜夜，坐看圆蟾过丽谯：**在自己府邸西园中举行的酒宴一直持续到深夜，我和朋友们一起，坐看一轮明月掠过那壮丽的高楼。

可以肯定的是，在那个秋分之夜，和韩琦一起喝酒快活，发呆坐看当年明月的，其中就有他的幕僚兼学生兼朋友——强至。

证据是，强至当时也写了一首《依韵奉和司徒侍中庚戌秋分》：“金气才分向此朝，天清林叶拟辞条。三秋半去吟蛩逼，百感中来酝蚁消。候早初逢旬甫浃，月圆前距望非遥。如今昼夜均长短，占录无劳史姓谯。”

除了这首和诗之外，比较特别的是，强至跟韩琦一起喝酒快活，彼此唱和写下的诗，总共竟有 79 首之多，几乎占他一生 822 首诗歌总数的 10%。

这就有点意思了。

其实，按年龄计算，强至是比韩琦小 15 岁的晚辈，并且视后者为自己人生中的伯乐。可惜的是，强至遇见韩琦，陪他一起看月亮，有点太晚了。

他俩相见，是在写下《庚戌秋分》《依韵奉和司徒侍中庚戌秋分》二诗的三年之前，而且相见的地点不是在河北大名，而是在陕西西安。

三年之前的治平四年（公元 1067 年）十二月，韩琦从“司徒兼侍中、同平章事、昭文馆大学士”的首相位置上被罢免，以“司徒兼侍中、判永兴军兼陕西路经略安抚使”的身份到达西安。

为了方便工作，他留用了早已在前任幕府中任职的幕僚强至，自此两人相见相识。第二年十二月，韩琦改判大名府，强至亦追随而来。

这才有了韩琦和强至两个人一起，和一帮朋友在熙宁三年（公元 1070 年）秋分节气的喝酒宴集之乐，这才有了《庚戌秋分》《依韵奉和司徒侍中庚戌秋分》这两首诗。

## 宰相十年：拥立两位皇帝，提携两大文人

写下《庚戌秋分》之时的韩琦，正处于自己一生中唯一的政治低谷。

在此之前，他少年得志，顺风顺水，曾经很红很红，红得发紫的那种红。而此时的他，已经是一个过气的政治老人。

他的少年得志、顺风顺水，是这样式儿的：

如果说韩琦是北宋王朝的第一名臣，估计只会有两个人表示不服。

第一个是写出千古名篇《岳阳楼记》的范仲淹。他曾和韩琦一起，在陕西主持针对西夏的军事行动，扭转了宋军一直不利的战争局势，被军中倚为长城，编有歌谣说“军中有一韩，西贼闻之心胆寒；军中有一范，西贼闻之惊破胆”，人称“韩范”。

另一个是北宋著名贤相富弼。他曾和韩琦一起，享同日拜相之荣，共同主持北宋朝廷的中央政事，得到朝野交口赞誉，人称“富韩”。

但范仲淹和富弼表示不服，只怕不行。因为，无论是“韩范”还是“富韩”，只是范仲淹和富弼在风水轮流转，“韩”可是一直都在。

另外，明眼人一看即知，“韩范”指的是军事，“富韩”指的是政事。换句话说，韩琦无论是政事还是军事，都是顶尖级的好手。难怪人家少年得志，顺风顺水，出将入相。事实上，史家论及韩琦，多称“北宋第一相”。

韩琦的仕途起点，相当之高。他是天圣五年（公元 1027 年）进士榜的第二名，也就是“榜眼”。这一年，他刚刚 20 岁。

初登政坛，韩琦最抢眼的表现，就是宋仁宗景祐三年（公元 1036 年）八月的“片纸落去四宰执”。此年的韩琦，年仅 29 岁，正在右司谏任上。他以一己之力多次进谏，告诉宋仁宗“丞弼之任未得其人”，直接导致宰相王随、陈尧佐，参知政事韩亿、石中立等四人同日罢相，一时名震京师。

康定元年（公元 1040 年）二月，韩琦受命出京，出任陕西安抚使，和范仲淹一起，打造了“韩范”时期。庆历三年（公元 1043 年）四月，“韩范”同时进京，担任枢密副使这样的副宰相级别的官员。并且和富弼、欧阳修等人一起，开始推行“庆

历新政”。

然而就在范仲淹《岳阳楼记》名篇首句的“庆历四年春”，“庆历新政”因保守派的阻挠而失败，范仲淹、韩琦、富弼、欧阳修“庆历四杰”相继被贬出京任职。韩琦这一去，就是 11 年，先后任职于扬州、郓州、真定府、定州和并州。

11 年之后的嘉祐元年（公元 1056 年）八月，49 岁的韩琦应召进京担任枢密使，正式踏上了自己“宰相十年、赞辅三朝”的辉煌之路。

这十年，韩琦由枢密使，进而“集贤相”（同中书门下平章事、集贤殿大学士），进而“昭文相”（昭文馆大学士、监修国史）。在北宋，“昭文相”就已经是宰相群体中的首相了。

今天来看，韩琦十年宰相的最大政绩，一是拥立了两位皇帝——宋英宗、宋神宗；二是提携了两大文人——苏洵、苏轼。

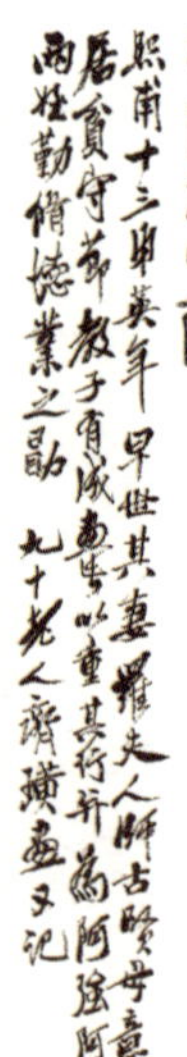

宋英宗治平四年（公元 1067 年）九月，在宋英宗驾崩、宋神宗已成功继位的情况下，自认已可功成身退的韩琦，自请罢相，于第二年七月来到了当时连遭地震、水灾的河北大名府，垂暮之年，再次为国守边。

然后，在写下《庚戌秋分》的时候，拜王安石所赐，迎来了一生中的政治低谷。

韩琦与王安石相识很早。庆历五年（公元 1045 年），王安石还曾经是韩琦的直接手下。韩琦在扬州主持的“四相簪花宴”，其中有一相，就是王安石。

不过，当时的韩琦，是以资政殿学士知扬州，既是政坛前辈，也是顶头上司；王安石，则是刚出道的政坛新人，以进士第四名的身份签书淮南判官，是韩琦的幕僚，直接下属。

可是，两大名人的关系，一开始就没搞好。据《名臣言行录》记载，导火索是这样埋下的：

> **“（韩魏）公知扬州，王荆公初及第，为签判，每读书至达旦，略假寐，日已高。急上府，多不及盥漱。魏公见荆公少年，疑夜饮放逸。一日从容谓公曰：‘君少年毋废书，不可自弃。’荆公不答。退而言曰：‘韩公非知我者。’魏公后知其贤，欲收之门下，荆公终不屈。”**

这则记录的意思是说，王安石年轻时读书很用功，有时候到了凌晨就和衣而睡，导致急着上班时形象不佳。上司韩琦不知他是通宵读书，还以为他是通宵饮酒作乐，于是便劝他多读书，不要不求上进。王安石也挺傲气，当面不答，背后说韩琦不了解他。从此，两人之间的嫌隙即生，导火索就此埋下。

此事至少说明韩琦与王安石，同为北宋名臣，同为著名文人，一开始就有点你不待见我，我也不待见你的意思，以至于后来发展到了政见不同、互相攻讦的地步。

前面是韩琦“宰相十年、赞辅三朝”，风头正劲，王安石不敢争锋；等到宋神宗继位，韩琦罢相，王安石拜相，终于轮到后者占上风了。

在韩琦写下《庚戌秋分》的前一年，熙宁二年（公元 1069 年）二月王安石拜相，成为参知政事，同时成立“制置三司条例司”。“王安石变法”，正式登上历史舞台。

可是，关于“王安石变法”，特别是关于青苗法，韩琦一开始其实是拒绝的。

就在韩琦写下《庚戌秋分》的当年，熙宁三年（公元 1070 年）二月，韩琦正式向宋神宗上书，请罢青苗法。宋神宗对于韩琦上书的反应是，“琦真忠臣，虽在外，不忘王室。朕始谓可以利民，不意乃害民如此！”

韩琦的上书，带给王安石的压力，也是巨大的。他马上就要态度，称病不出，要求罢相去当闲官。当然，最终的结果，还是王安石赢了。

但韩琦并未罢休，就在写下《庚戌秋分》的八月，他又一次上疏，请罢青苗法，不仅如此，他还请求裁撤此次变法的指挥机关——“制置三司条例司”！这就需要相当大的政治勇气了。

今天来看，比较吊诡的是，当初推行“庆历新政”、崇尚改革的“庆历四杰”，除了范仲淹已于皇祐四年（公元 1052 年）早逝以外，其余三杰韩琦、富弼、欧阳修，都反对新法。对了，还要加上另外两个重量级人物，司马光和苏轼。

为什么？是因为他们老了，丧失了年轻时的改革锐气？显然，并不是。

双方如此对立、分歧的原因，那是一个宏大的问题，也是历史学家们的问题。

仅从韩琦年谱及相关史料来看，韩琦与王安石对立、分歧，以至于要干掉后者的改革总司令部，恐怕至少有一个原因，韩琦与王安石对于新法的视角不同。

王安石在中央，“居庙堂之高”，他看到的全是良法美意、富国强兵，听到的全是顺利推进、举国欢庆；韩琦在地方，“处江湖之远”，他看到的则是新法扰民、酷吏横行，听到的则是百姓受苦、怨声载道。

没办法，神州太大了。事实上，中央的政策到了地方，有偏差、打折扣的现象，包括下情难以上达的现象，直至今天也还未敢说全部根绝，更何况在北宋那个行政效率低下的封建时代？

就这样，早年就已存在的小小嫌隙，此时再出现的不同视角，直接导致韩琦与王安石这两个同样震古烁今大人物，背向而行，而且渐行渐远。

当然，在韩琦看来，他早就知道，虽然自己连续上疏请罢新法，但以宋神宗的求治方殷，以王安石的立功心切，肯定是不会听自己这番逆耳忠言的。如果不听，那大宋的普通老百姓们可就遭殃了。

所以，因为宋神宗，因为王安石，因为青苗法，因为老百姓，在熙宁三年（公元 1070 年）那个秋分之夜，在大名府自己的府邸西园，和强至一起“坐看圆蟾过丽谯”的韩琦，内心里并不像他诗中所说的，那样平静。

## 此时再不出去玩，更待何时

秋分，在《春秋繁录》中被如此解读：“秋分者，阴阳相半也，故昼夜均而寒暑平。”

明朝张景岳在《类经·运气》中说，“秋分前热而后寒，前则夜短昼长，后则昼短夜长，此寒热昼夜之分也。至则纯阴纯阳，故曰气同。分则前后更易，故曰气异。此天地岁气之正纪也。”

“秋分”的“分”，是“半”的意思。这样，秋分就有了三个含义：

一是秋季过半。按照农历，“立秋”是秋季的开始，到“霜降”为秋季终止，“秋分”正好是从立秋到霜降这九十天秋季的一半。

二是昼夜各半。秋分这一天，太阳到达黄经 180°（秋分点），几乎直射地球赤道，因此全球各地昼夜等长。

三是寒暑各半。到了秋分，气候由热转凉。此时南下的冷空气与逐渐衰减的暖湿空气相遇，产生一次次的降水，气温也一次次地下降，正所谓“一场秋雨一场寒”。

秋分也曾是传统的“祭月节”，现在的中秋节就是由“祭月节”而来。早在周朝，周天子就有春分祭日、夏至祭地、秋分祭月、冬至祭天的习俗。看来，韩琦是深知这一点的，所以才在秋分这天夜晚，有意地抬头望月，“坐看圆蟾过丽谯”。

秋分时节，凉风淅淅，风和日丽，秋高气爽，丹桂飘香，蟹肥菊黄。正是美好宜人的时节，正是适合放风筝的时刻。

此时再不出去玩，更待何时？

# 寒露

寒露若逢下雨天，
正二月里雨涟涟。

鲁中送鲁使君归郑州

城中金络骑，出饯沈东阳。九月寒露白，六关秋草黄。齐讴听处妙，鲁酒把来香。醉后著鞭去，梅山道路长。

## 直到唐朝，鲁酒才因李白而名声大振

唐乾元元年（公元758年）九月，“安史之乱”的战火，仍未熄灭。时任郑陈颍亳等州节度使兼郑州刺史的鲁炅，来到淄青节度使侯希逸的驻节地——鲁中的曲阜，联络军务。

过了寒露节气之后，鲁炅便向侯希逸告辞，准备返回自己的驻节地郑州。侯希逸则按照当时同僚送别的惯例，骑马一直送到城外驿站，并设宴为他饯行。

正是在这次酒宴之上，“大历十才子”之一，时任侯希逸幕府从事的韩翃，发挥自己的才子优势，写下了上面这首诗，为鲁炅送行。

**城中金络骑，出饯沈东阳：**曲阜城中的所有官员，都乘坐装饰华贵的良马，出城为鲁炅送行。

有人说了，不许你忽悠。诗中明明说的是给“沈东阳”送行，关鲁炅什么事？呃，还真不是忽悠。是的，你在诗中看到的是送沈东阳，但他们真的是在送鲁炅。

那么，沈东阳是谁？为何在此时此地乱入？沈东阳，就是沈约（公元 441—513 年），曾担任过南齐的东阳太守，所以简称沈东阳。

问题还是来了。沈东阳不是唐朝人哪，唐朝的韩翃要给他送行，怎么着也够不着啊。那韩翃为什么在此处神经错乱，说自己送的是沈东阳呢？

因为沈东阳，是韩翃的，还有另一个“大历十才子”之一钱起的，还有“诗仙”李白的，以及一大帮唐朝诗人们的心中偶像。

沈约沈东阳，是史上著名的文学家、史学家，是齐、梁的文坛领袖，可是当年的名人之一。

一是诗才了得，开创“永明体”诗，对我国诗歌从比较自由的古体诗到格律严整的近体诗，有促进之功。

二是史才了得，今天“二十四史”中的《宋史》即为他所撰。不仅如此，史载他还撰有《晋书》110 卷、《齐纪》20 卷、《高祖纪》14 卷，只是多已亡佚。

三是事业了得，他历仕宋、齐、梁三代，曾助梁武帝登位，封建昌县侯，官至尚书令。

也只有这样的名人，才能进入李白、钱起、韩翃的心中。于是这一大帮唐朝诗人在写诗时，如果要提及一个自己尊敬而又不便直呼其名讳的人时，就常常用“沈约”或“沈东阳”来代替。

比如李白“沈约八咏楼，城西孤岩峣”，钱起“未曾无兴咏，多谢沈东阳”。诗人们的这一传统，甚至还延续到了北宋，辛弃疾写道：“花知否？花一似何郎，又似沈东阳”。

韩翃在此处，正是用“沈东阳”代替“鲁炅”，他送的其实就是鲁炅。只是因为，他如果不时常在诗中提一提“沈东阳”，出门看见李白、钱起，都不好意思打招呼。

**九月寒露白，六关秋草黄：**时值九月寒露节气，露珠一片晶莹；在鲁国时就已设置的“六关”之前，秋天的小草已经发黄。

“六关”，是春秋时期鲁国设置的关卡名称。《孔子家语·颜回》：“孔子曰：‘下展禽，置六关，妾织蒲，三不仁。’”王肃注：“六关，关名。

鲁本无此关，文仲置之以税行者，故为不仁。”原来，“六关”是一个专门负责收税的“不仁”关卡。

**齐讴听处妙，鲁酒把来香：**齐歌悦耳，鲁酒飘香，席间大家喝着美酒唱着歌，宾主尽欢。

齐讴，就是齐国的音乐和歌舞。许慎在《说文解字》中写道：“讴，齐歌也。”早在春秋时期，齐讴就和楚舞、秦筝一起，是驰誉诸侯国的著名音乐了。孔子在齐国听到的那个让他“三月不知肉味”的《韶》乐，其实就是齐讴。

到了唐朝，齐讴还是稳居流行歌曲排行榜之上，多位诗人对其赞不绝口。李白写道“清管随齐讴”“微声列齐讴”，皎然赞誉说“齐讴世称绝”。侯希逸身为淄青节度使，驻节齐鲁之地，当然要尽地主之谊，用最好的齐讴为鲁炅饯行了。

鲁酒，泛指产于山东的美酒。孔子就喝过鲁酒，而且他喝鲁酒还特别讲究：在《论语·乡党》中他说“沽酒市脯不食”，意思是说从市场上随便买来的酒和肉，他是不吃的。他老人家，只喝精心酿造的鲁酒。

史上的鲁酒，曾以“鲁酒薄”而著称，即以酒精度数低而著称。

鲁酒一直到了唐朝，才因为李白，而名声大振。李白当年游历山东，免费的鲁酒肯定喝了不少，吃人家的嘴软嘛，所以在诗中一个劲儿地夸赞鲁酒的妙处：“鲁酒若琥珀”“鲁酒不可醉”“鲁酒白玉壶”“闲倾鲁壶酒”。特别是那首“兰陵美酒郁金香，玉碗盛来琥珀光”，更是催生了鲁酒中的第一品牌——兰陵酒。

在韩翃参加的饯行宴上，招待音乐是齐讴，招待用酒是鲁酒，都是本地最好而且驰名全国的土特产啊。话说侯希逸为了给鲁炅饯行，也是蛮拼的。

**醉后著鞭去，梅山道路长：**客人回到郑州的道路还很长，正好趁着酒醉饭饱，快马加鞭而去。

《鲁中送鲁使君归郑州》，只是韩翃 137 首送别诗中的一首。

韩翃在唐朝诗人中，有“送别诗之王”之美称。原因是他流传到今天的诗，只有 165 首，居然就有 137 首是送别诗，占比高达 83%！别的诗人自然也送别，但没有像韩翃这样式儿，不是在送别就是在送别的路上的。

韩翃在唐朝诗人中，还有“点将录”“点鬼簿”之美称。主要是因为他在诗中大量使用人名，活的点将，死的点鬼，堆砌极多，有的甚至达到了不堪入目的地步。

这首《鲁中送鲁使君归郑州》还算好的，但活的他就点了“鲁使君”，死的他就点了“沈东阳”。

比这搞得还要过分的有：“差肩何记室，携手李将军”，“御史王元贶，郎官顾彦先”，“中丞违沈约，才子送丘迟”，“仆射临戎谢安石，大夫持宪杜延年”。不再一一列举了，大家有兴趣到他的诗中去找，165 首诗中如果找到 110 个人名，那就对了。

## 贵人相助，一跃为天子近臣

写下《鲁中送鲁使君归郑州》之时，送客的韩翃，被送的鲁炅，可都是有故事的男人。

先说故事短的鲁炅。就在这次饯行之后的十月，鲁炅就跟朔方节度使郭子仪、河东节度使李光弼等九节度使一起，踏上了史称“九节度使围相州”的平叛战场。

此役，鲁炅的战场分工是“分界知东面之北”。也就是说，鲁炅负责进攻相州（河南安阳）的东北方向。从地图上看，鲁炅军队的驻扎位置，跟自己辖区相距遥远。反而在他的背后，距离最近的，就是淄青节度使侯希逸的辖区。而且，侯希逸并没有接到围攻相州的命令。

虽然并没有找到直接的史料来证明，但我可以猜测，在乾元元年（公元 758 年）九月的寒露前后，郑陈颍亳等州节度使鲁炅不辞辛苦，在大战前夕非要来曲阜一趟的原因，绝不是为了游山玩水。他此行找淄青节度使侯希逸只有一件事：请求侯希逸在战役打响之后，以自己辖区的粮草，就近保障自己的后勤军需，以确保自己军队的战斗力。战后鲁炅再予以奉还或加倍奉还云云。

而从韩翃《鲁中送鲁使君归郑州》中大家喝着美酒唱着歌来看，双方谈得很好，一切的一切，都妥妥的。鲁炅有所求而来，有所得而去。

然而战事却不顺利。包括鲁炅在内的九节度使，号称 60 万人包围一座孤城，居然就在第二年六月初六失败了，鲁炅还负了伤，“王师不利，灵中流矢奔退”。九节度使的军队一路逃命，丢光了

补给，“所过虏掠，灵兵士剽夺尤甚，人因惊怨。”

五天之后，鲁炅率残部逃到新郑，听说郭子仪和李光弼虽败不乱，而他率领军队全身而退之时，害怕朝廷追究自己溃不成军、抢掠害民的责任，于是“炅忧惧，仰药而卒”。

写到这里，不禁要为鲁炅点个赞。“安史之乱”爆发之后，拥兵自重、不知朝廷为何物的骄兵悍将，不知凡几。鲁炅居然在兵败之后，知道羞耻，知道害怕，以至于自尽谢罪，相当不易了。所以《旧唐书》夸他“料敌虽非其良将，事君不失为忠臣”。

再说故事长的韩翃。

韩翃虽然在《旧唐书》《新唐书》中并无传记，史料缺乏，但散见于《本事诗》《唐才子传》《太平广记》中的记录表明，他的生平至少有三个故事颇为传奇，值得一提。即早年的“李白同事”、中年的“娶妻奇缘”、晚年的“升官奇遇”。

韩翃大约出生于开元七年（公元 719 年），于天宝十三年（公元 754 年）进士及第。在这前后，他荣幸地进入了翰林院，成为翰林待诏，也与著名的李白成为了同事。

韦执谊《翰林院故事》记载：“至二十六年始以翰林供奉改称学士，由是遂建学士院……其外有韩翃、阎伯屿、孟匡朝、陈兼、李白、蒋镇在旧翰林院中。”

可见，韩翃与李白不仅是同事，而且共事的时间，还比较长。

大约就在跟李白同事的时候，韩翃还经历了一段“娶妻奇缘”。韩翃的这段奇缘，在《太平广记·柳氏传》和《本事诗·情感》中均有大同小异的记载：

**天宝中，昌黎韩翃有诗名……有李生者，与翃友善，家累千金，负气爱才，其幸姬曰柳氏，艳绝一时，喜谈谑，善讴咏，李生居之别第，与翃为宴歌之地，而馆翃于其侧。翃素知名，其所问，皆当世之彦，柳氏自门窥之，谓其侍者曰：“韩夫子岂长贫贱者乎！”遂属意焉。李生素重翃……乃具膳请**

**翃饮，酒酣，李生曰："柳夫人容色非常，韩秀才文章特异，欲以柳荐枕于韩君，可乎？"翃惊栗避席曰："蒙君之恩，解衣辍食久之，岂宜夺所爱乎？"李坚请之……翃仰柳氏之色，柳氏慕翃之才，两情皆获，喜可知也。**

这一段记录表明，当时还处在贫困之中的韩翃，白捡了一个"艳绝一时"的柳氏作为妻子。表面看，韩柳二人可算郎才女貌，奇缘一段；实际上则不用说得那么传奇，韩翃在此处扮演的，只是一个"接盘侠"而已。

记录上写得清楚，柳氏原来是李生的女人，是李生"居之别第"的"别宅妇"。所谓"别宅妇"，是指唐朝男人养在别处的、不合法的，瞒着妻妾的情妇。

有人说，这就不对了啊，唐朝的男人们不是幸福地享受着一夫一妻多妾制吗？看到中意的，娶回家不就完了？

唐朝男人们娶妾合法，这当然是真的，可是唐朝女人们的地位很高，悍妇妒妇也很多，所以问题就不再是他们能不能娶，而是敢不敢娶。这才有了"别宅妇"。

可妻合法，妾合法，"别宅妇"不合法。唐玄宗就曾分别在开元三年和开元五年两次下诏，要求禁绝"别宅妇"。得，柳氏跟着李生再怎么折腾，李生也不可能给她未来的。在这种情况下，韩翃才进入了柳氏的视野。

关键是李生也乐意。对于朝廷皇帝而言，柳氏本就不合法；对于家里悍妇而言，柳氏"别宅妇"地位更是没有转正的可能。把她嫁给韩翃，给她一个未来，一别两宽，各生欢喜，正是最好的结果。

韩翃与柳氏洞房花烛之后不久，就离开留在长安的柳氏，去了淄青节度使侯希逸的幕府。在他写下《鲁中送鲁使君归郑州》之时，他俩过的仍然是两地分居的生活。

一连几年没见柳氏的韩翃，从曲阜寄来一封信："章台柳，章台柳，往日青青今在否？纵使长条似旧垂，亦应攀折他人手。"——这封信的意思，一是表达韩翃的关心，问柳氏安好，二是表达韩翃的担心，怕柳氏在长安不安分，"攀折他人手"，另外嫁了人。

作为大诗人的女人，柳氏的才华当然也不是盖的，她回信道："杨柳枝，芳菲节，可恨年年赠离别。一叶随风忽报秋，纵使君来岂堪折？"——我还好，就是想你想得有点憔悴，目前还没怎么样，放心。

可等到韩翃于永泰元年（公元 765 年）跟随侯希逸再回长安时，长时间独居无助、又“艳绝一时”的柳氏，终于被朝廷宠信的番将沙吒利强抢为妇。当然，柳氏本人，一开始是拒绝的。

韩翃得知此事，束手无策，郁闷之极。一日在酒宴之上跟幕府的同事们说了，当时就有虞候许俊站出来打抱不平。他拿着韩翃的字据，骑一马牵一马，直入沙府，声称：“沙坠马，垂危，命柳夫人到！”见到柳氏即出示字据，一拥上马，绝尘而去。很快，许俊就护送柳氏来到韩翃面前，说：“幸不辱命！”一座皆惊。

为避免沙吒利报复，韩翃、许俊等人马上将此事告知了当时也在长安的侯希逸。侯希逸倒也有担当，立即代部下出头，奏明皇帝。唐代宗倒也不糊涂，御批：“赐沙吒利绢两千匹，柳归韩翃。”韩柳二人，就此破镜重圆，再铸传奇，从此过上了两相厮守的日子。

妻子是抢回来了，可韩翃的官运，却一直不济。侯希逸死后，他先后入汴宋节度使田神功、田神玉幕府，直到建中元年（公元 780 年）左右，已经年过六十的韩翃，还在河南开封，担任新任汴宋节度使李勉的幕僚。不出意外的话，韩翃大概就会屈处下僚，潦倒一生了。

但是，一天半夜，韩翃在幕府的好友韦巡官突然来访，见面就祝贺韩翃说：“你已被任命为驾部郎中，知制诰。”

驾部郎中，从五品上的级别，就是兵部驾部司司长，“掌邦国舆辇、车乘、传驿、厩牧、官私马牛杂畜簿籍”，也就是个帝国中级官员吧。六十多岁的人了，才到中央混个中级官员，固然是提拔重用，却并不能算很大的喜事。

真正的喜事，在于后面那三个字儿：“知制诰。”这三个字的意思是，“起草圣旨”，“知制诰”三个字儿的含金量，就在这里。带有这三个字儿的官员，其主要职责就是陪在皇帝身边，帮

皇帝起草圣旨。唐朝多少位极人臣的宰相，都是由这三个字儿起步的。

韩翃一个身在地方的节度使幕僚，朝中也无贵人相助，怎么可能天上掉这么大个馅饼儿，还正好砸中了他？所以，韩翃的第一反应是：“必无此事，定误矣。”

可韩翃就是运气来了，朝中还真有贵人相助，这个贵人还贵得不行、贵到了极点。这个贵人不是别人，就是当今皇帝唐德宗。事情原委是这样的：

当时中书省报告说制诰缺人，两次呈报拟定人选给唐德宗，唐德宗就是不表态，“御笔不点出。又请之，且求圣旨所与，德宗批曰：‘与韩翃’。”中书省这下犯了难，因为当时有两个韩翃，另一个时任江淮刺史。于是，就把两个韩翃都报了上去。

这一次，唐德宗“御笔复批曰：‘春城无处不飞花，寒食东风御柳斜。日暮汉宫传蜡烛，轻烟散入五侯家。与此韩翃。’”唐德宗背下来并且写下来的这首诗，正是韩翃早年所写的《寒食》诗。

有才真是好啊。韩翃有此“升官奇遇”，一跃成为天子近臣，中枢要员。可惜的是，幸运来得稍晚了一些，韩翃才子此时已经老了。他调到中央之后，虽然升官为中书舍人，却未到宰相之位，就于贞元四年（公元 788 年）去世了。惜哉，惜哉。





## 一杯正宗的菊花酒，便是人生至乐

“秋分后十五日，斗指辛，为寒露。言露冷寒而将欲凝结也。”《月令七十二候集解》载：“九月节，露气寒冷，将凝结也。”

白露和寒露，都是露，都是二十四节气中的秋季节气。可是，此“露”不同彼“露”。白露的露珠，透明晶莹；寒露的露珠，寒光四射。寒露节气的露水比白露节气的寒冷，通常会凝结成霜。

白露时节，天气转凉，开始出现露水；到了寒露时节，则露水增多，而且气温更低，此时有些地区会出现霜冻。

我国有民谚说，“白露身不露，寒露脚不露”。意思是说：白露节气一过，穿衣服就不能再赤身露体了，而寒露节气一

过，就要注意足部保暖了。

一言以概之，白露节气，是炎热转向凉爽的标志；寒露节气，则是凉爽转向寒冷的标志。

寒露时节，就物候而言，有三样好东西：菊花、红叶、螃蟹。

作为寒露节气三大物候之一的菊花，此时已普遍盛开，正是观赏的最佳时节。

诗人杜牧应该也是在寒露节气的前后，出来秋游过的。其名句“停车坐爱枫林晚，霜叶红于二月花”，写的就是寒露节气时的红叶。漫山遍野的红叶，才是寒露节气的正确打开姿势。

“秋风响，蟹脚痒。”从寒露节气开始，螃蟹就开始大量爬上吃货的餐桌。秋游之际，赏完菊花，观完红叶，停车坐下，持螯饮酒，正是一大乐趣。持螯之际，如果还能够斟满一杯正宗的菊花酒，更是人生至乐。

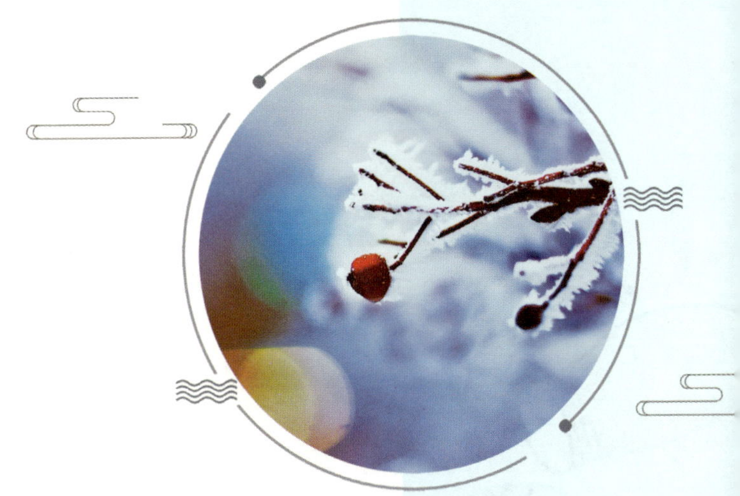

霜降不割禾，
一天少一箩

# 霜降

## 一时遭到贬谪，只是小人陷害的结果

唐元和十年（公元 815 年）霜降节气之后，从长安出发的白居易，出蓝田，过襄阳，乘船经鄂州，抵达了自己的贬谪目的地——距离长安 1474 里的江州（江西九江）。

此前的六月，他上书谏争，不料平白遭人诬陷，八月一贬为刺史，旋即追贬为江州司马，由太子左赞善大夫这样的正五品京官，被贬为江州司马这样的从五品下的地方官员，白居易所遭受的打击，可想而知。

千里跋涉到达江州后，郁闷心情尚未平复的白居易，揽镜自照，顾影自怜，写下这首《谪居》。

**面瘦头斑四十四，远谪江州为郡吏：** 在面容消瘦头发花白的 44 岁年纪，我被贬到千里之外的江州担任司马一职。

**逢时弃置从不才，未老衰羸为何事：** 自己生逢盛世却被弃置不用是因为自己没有才能，但身体上的未老先衰却不知原因。

不得不指出，“逢时弃置从不才”这一句，白居易既是自谦，也颇有牢骚之意。

**谪居**

面瘦头斑四十四，远谪江州为郡吏。逢时弃置从不才，未老衰羸为何事？
火烧寒涧松为烬，霜降春林花委地。遭时荣悴一时间，岂是昭昭上天意！

**火烧寒涧松为烬，霜降春林花委地：**野火在寒涧中蔓延，松树被焚为灰烬；霜降时节的严霜突袭春林，花儿受到意外摧残，凋零于地。

**遭时荣悴一时间，岂是昭昭上天意：**自己一时遭到贬谪，只是小人陷害的结果，绝不会是圣明之君的本意。

不得不再次指出，这最后一句，白居易完全是在自我安慰。

事实上，作为宦海沉浮多年的人，白居易怎么可能不明白帝国官场皇权至上的运行规则？更何况，唐宪宗并非容易被人蒙蔽的英主，元和前期也正是他刚明果断的时候儿。

包括白居易本人在内，完全可以作出这样的判断：他此次被人诬陷的冤案，不管是出自哪个小人的创意，不经过所谓“圣明之君”唐宪宗的点头，是绝对无人可以撼动官居五品的白居易的。

白居易此次贬谪江州的具体原因，则源于今年六月初三日帝国宰相武元衡被刺身死这一件震惊朝野的大事：

**“盗杀宰相武元衡，居易首上疏论其冤，急请捕贼，以雪国耻。宰相以宫官非谏职，不当先谏官言事。会有素恶居易者，掎摭居易，言浮华无行，其母因看花堕井而死，而居易作《赏花》及《新井》诗，甚伤名教，不宜寘彼周行。执政方恶其言事，奏贬为江表刺史。诏出，中书舍人王涯上疏论之，言居易所犯状迹，不宜治郡，追诏授江州司马。”**

之所以原文照抄《旧唐书》这段话，主要是因为它详尽说明了白居易被贬江州的两个原因：

第一个原因，是“以宫官非谏职，不当先谏官言事”。白居易当时的官职，是隶属于东宫左春坊的左赞善大夫。这一职务，是属于东宫的官职，是谓“宫官”。

政敌攻击白居易的理由是，东宫的“宫官”不是朝廷的御史、拾遗、补阙这样的谏官，从岗位职责上讲不是负有言责的第一责任人，不应该先于谏官对国家大事发表意见。

什么叫不讲理？这就叫不讲理。

首先，左赞善大夫的职责“掌传令，讽过失，赞礼仪，以经教授诸郡王”中，本就有“讽过失”这一条。虽然按照规定，其“讽过失”的主要对象应是东宫皇太子，但唐朝没有任何一条官方律令明文禁止东宫官员针对东宫以外的国家大事发表意见。事实上，唐史上东宫官员就国家大事发表意见的例子，屡见不鲜。

其次，和东宫官员一样隶属于朝廷职官体系，但同样不负有言责的官员，还有司天监、尚药局侍御、内府令等众多官员。这些官员在史上就国家大事发表意见、劝谏皇帝的，也不在少数。

再次，自古英主，从来都是千方百计地广开言路、畅通言路的，而用这样无厘头的理由堵塞言路的，则闻所未闻。唐宪宗李纯听任这样不讲理的搞法，与自己那个坚持“兼听则明，偏信则暗”的祖爷爷唐太宗李世民，简直是云泥之别。由此，唐宪宗搞起来的那个所谓“元和中兴”，也就十分可笑了。

白居易被贬江州的第二个原因，是“其母因看花堕井而死，而居易作《赏花》及《新井》诗，甚伤名教”。

什么叫不厚道？这就叫不厚道。

利用母丧攻击白居易的，主要是中书舍人王涯。这个王涯，也是白居易当年在翰林院的老同事。白居易后来写诗回忆“同时六学士”，指的就是他、王涯、李程、裴垍、李绛、崔群这六个翰林学士。

可就是这位知根知底的老同事，不仅拿同事母亲死因这样的伤心事来伤害人，还拿白居易从来没有写过的诗来诬陷他“甚伤名教”，导致他一贬刺史再贬司马。

拿这种牵强的个人私事，在关键时刻捅老同事一刀，王涯这事儿干得相当下作。那么，王涯为什么这么干？

事情明摆着：当年大家一起成为翰林学士，本是齐头并进，但白居易却因丁母忧而守制三年，王涯这才就任中书舍人，取得先发优势。如今白居易复出就任左赞善大夫，虽是闲职，但以他之文才和能力，很难说不会后来居上，再次抢前争先，从而成为自己将来拜相的竞争对手。

可是王涯知道，自己明显不如他。现在白居易被宰相攻击，正

是天赐良机，自己何不落井下石，再加一把火，让他当不成一把手刺史而只能当上司马这样的郡吏，增加他以后东山再起的难度？

小心眼的王涯，如意算盘打得啪啪响，事实也正如他所愿：他果然于元和十一年（公元 816 年）就先于白居易拜相了，而被他成功诬陷的白居易，此生压根儿就没有拜过相！非常完美。

这就是王涯高明的地方——平时称兄道弟、喝酒快活，同时暗地里搜集证据，引而不发；到了关键时刻，就拔出一直在身后藏着的刀来，妒贤嫉能，阴狠下作，一击而中。

试想，如果不是白居易至友，怎么可能知道白居易母亲的确切死因？还有，就算白居易真的全无心肝在守丧期写过《赏花》及《新井》诗，王涯又是怎么在传播手段有限的时代里及时准确地知道的？

王涯如此妒贤嫉能、阴狠下作，只有两点很意外：一是他没有想到史笔如刀，自己干的下作事儿，在正史上被明文记录，永远地刻在了耻辱柱上；二是在太和九年（公元 835 年）十一月二十一日的“甘露之变”中，时任堂堂宰相的王涯，竟然被杀红了眼的宦官爪牙们，腰斩于城西南隅独柳树下，其全家也遭遇灭门惨祸。

王涯如此下场，可与白居易没有半毛钱的关系，此后白居易并没有谋求报复这个小人。小人腰斩两段、鲜血淋漓之时，白居易正在距离长安四百多公里的东都洛阳，喝酒快活呢。

## 江州：白居易的人生转折之地

贬谪江州，是白居易一生的分水岭。

江州，今天是江西省九江市，左倚庐山，右襟长江，是风景秀丽的旅游胜地；但在唐朝，江州隶属于江南西道，虽然地处交通要道，人口也颇稠密，却并不为北方人白居易所喜欢。

在白居易眼中，湿热多雨的江州，完全就是“卑湿”的“炎瘴地”和“瘴乡”。“瘴乡得老犹为幸”“炎瘴九江边”“共嗟炎瘴地”“住近湓江地低湿”，这样的恶劣环境，无疑加重了白居易的郁闷心情。

还好，时间是最好的解药。从元和十年（公元 815 年）霜降节气之后来到江州，直到元和十四年（公元 819 年）初量移忠州刺史，白居易用了整整三年多的时间，终于走了出来。

就是在江州，白居易从被诬陷的淤泥中站起，擦干了眼中的泪水，扫除了心灵的阴霾，调整了自己的人生目标，改变了自己的人生理想，彻底完成了自己的人生蜕变。

江州，是白居易的人生转折之地。

来到江州之前，白居易的仕途，可谓春风得意，顺风顺水。

贞元十六年（公元 800 年），29 岁的白居易进士及第，“慈恩塔下题名处，十七人中最少年”。十八年冬又应书判拔萃科，得授秘书省校书郎，元和元年（公元 806 年）再应“才识兼茂明于体用科”，授盩厔尉。二年秋调回长安任集贤殿校理，十一月授翰林学士，三年任左拾遗。“十年之间，三登科第，名入众耳，迹升清贵”，白居易后来得意地如是回忆。

这个时候的白居易，以为自己报答皇帝和朝廷的方式，就是多参政、多议政，为国家大事提供更多的参考意见。“是时，皇帝初即位，宰府有正人，屡降玺书，访人急病。仆当此日，擢在翰林。身是谏官，月请谏纸。”

白居易先后写了《论王锷欲除官事宜状》《论裴均进奉银器状》《论承璀职名状》等谏章，把藩镇、宰相、宦官都得罪个遍；在《论承璀职名状》中更是直接质问唐宪宗“陛下忍令后代相传，云以中官为制将、都统，自陛下始乎？”惹得唐宪宗大发雷霆“是子我自拔擢，乃敢尔，我叵堪此，必斥之”。

白居易真是太天真，正当他春风得意，逮谁灭谁的时候，母亲去世中止了他惹毛朝廷内外所有政治势力的进程。包括唐宪宗在内的所有人，都松了一口气：这个愣头青，至少可以消停三年了。

白居易丁忧归来，重新授职为隶属于东宫系统的太子左赞善大夫。这个任命本身就已经是一个信号，一个让他老实待着不要多嘴的信号。可人家白居易虽然丁忧三年、“归来仍是少年”，终于在武元衡被刺身亡这件大事上，再次没有管住自己的嘴，命运就此转折，被贬江州。

江州，是白居易的心态转化之地。

被贬江州之前，白居易是“兼济天下”的心态；贬谪江州之后，白居易转化成了“独善其身”的心态。

关键在于，在那个时代，白居易应该怎么做，才能做到既安身立命，又独善其身？

直接辞职归隐？不妥。一是从此没有了经济来源，毕竟他也是人，他也要吃喝拉撒，也有一大家子要养活；二是容易触怒皇帝，甚至招致杀身之祸。在封建专制时代，要么不讲姿势地谄媚，要么姿势正确地赞美。任何远离或者不合作行为，都有可能会被视为反叛而遭到镇压。

隐士当不成，农民也当不成。考虑到当一个农民的技术难度和体力难度，白居易觉得自己还是应该继续混官场。

鉴于此前自己“兼济天下”的官场混法已经失败，白居易决定另外发明一种“独善其身”的官场混法。

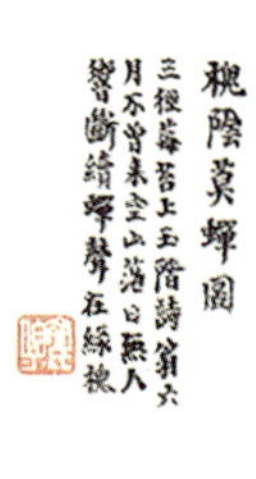


正是在江州，江州司马这一职务，给了白居易此生最为重要的启发。

首先，江州司马这一职务，没什么正经工作内容。对此，白居易认识得很清楚，他在《江州司马记》中说：“司马之事尽去，唯员与俸在”，“州民康，非司马功；郡政坏，非司马罪。无言责，无事忧。”

其次，江州司马的工资还挺高：“上州司马，秩五品，岁廪数百石，月俸六七万。官足以庇身，食足以给家。”

受此启发，白居易发明了“独善其身”官场混法 1.0 版——“吏隐”：“苟有志于吏隐者，舍此官何求焉？”是的，江州司马这样的官儿，正是白居易想要的：有官无职责任轻，数钱数到手抽筋。

当然，“吏隐”作为“独善其身”官场混法的 1.0 版，还是略有一点点美中不足。为什么呢？类似江州司马这样的吏，职务和级别太低，毕竟还是一个听别人吆喝的小角色。起码还要点卯出勤，有些工作被刺史大人吩咐下来，不干还是不行哪。

要是能够升个级，搞个“独善其身”官场混法的 2.0 版就好了。最好，级别要高一点，起码要正四品以上；不用每天上班点卯出勤，隔几天去一下就行了；工作内容也不用太复杂，仅限于礼仪性质即可；最重要的是，工资比现在再多一些才好。

他想得可是真美。那么，在帝国政坛中，有没有这样的好位子呢？白居易展开了搜寻的目光。

突然，白居易眼前一亮："大隐住朝市，小隐入丘樊。丘樊太冷落，朝市太嚣喧。不如作中隐，隐在留司官。似出复似处，非忙亦非闲。不劳心与力，又免饥与寒。终岁无公事，随月有俸钱。"

由此，"独善其身"官场混法 1.0 版"吏隐"，升级为 2.0 版"中隐"——"隐在留司官"。

所谓"留司官"，是指唐朝设在东都洛阳的一套中央职官体系。其主要职能，就是为皇帝巡幸东都提供服务。而在皇帝长期不到东都的时期，"留司官"也必须常设。时间一长，就形成大唐帝国级别高、工资高、基本没事干的东都"留司官"体系。

心态改变之后，目标确定之后，剩下的就是付诸实践了。正是在江州司马任上的元和十三年（公元 818 年），白居易刚刚 47 岁时，就已经决定，最晚到 50 岁，他就要过上"中隐"的"留司官"生活。"三十气太壮，胸中多是非。六十身太老，四体不支持。四十至五十，正是退闲时。"

白居易说到做到。在长庆二年（公元 822 年）51 岁时，他正担任中书舍人一职，在距离宰相只有一步之遥的时刻，突然自求外任，去杭州当刺史。然后在长庆四年（公元 824 年）五月，如愿以偿当上了"太子左庶子分司东都"这样的留司官。这一年，他年仅 53 岁。

从此直到以 75 岁高龄辞世，除了短暂出任苏州刺史去过苏州、出任秘书监去过长安以外，白居易一直猫在洛阳没有挪窝，安安稳稳、快快活活地"中隐"了二十多年。

这期间，长安官场上"牛李党争"争得头破血流也好，"甘露之变"杀得血流成河也好，朋友同事出将入相也好，小人王涯身首异处也好，都跟心态良好的白居易没关系了。

心态一变天地宽。

江州，是白居易的诗风转变之地。

白居易的一生，留下了 2916 首诗。

而从一开始，他写诗，就是有目的的，可不仅仅是为了玩乐和消遣。他的目的，在《与元九书》中说得明白："故仆志在兼济，行在独善，奉而始终之则为道，言而发明之则为诗。谓之讽喻诗，兼济之志也；谓之闲适诗，独善之义也。"

看看，他写个诗，都跟"兼济"和"独善"有关。

贬谪江州之前，白居易正处于政治上积极进取、有所作为的时期，所以这一时期他主要在写"兼济"的"讽喻诗"，追求的是以激越耿直的文字，针砭时弊，点评时政。《卖炭翁》就是这一时期的名篇。

贬谪江州之后，白居易的心态，由"兼济"转化为"独善"，诗风也由"讽喻诗"转变为"感伤诗"和"闲适诗"。这首《谪居》，就是一首典型的"感伤诗"，也是白居易诗风转变的一个典型标志。

终白居易一生，只创作了 173 首讽喻诗，仅占总数 2916 首的 5.9%，而且基本集中在政坛生涯的前期；但他一生却创作了 215 首"感伤诗"和 216 首"闲适诗"，占 14.8%。

而在江州，白居易创作的 288 首诗中，讽喻诗陡降至 16 首，感伤诗和闲适诗却大幅增加，达到了 92 首。后者与前者相比，差距有五倍之多。

从此以后，在白居易的笔下，山入诗，水也入诗，酒入诗，肉也入诗。白居易硬是把诗歌创作活生生地从阳春白雪，直接降到了鸡毛蒜皮。

后世有人攻击他的诗过俗，不无道理。可是，不是雅的白居易玩不来，而是一雅就得牵涉政治，就得事关讽喻，白居易觉得不好玩儿、不便玩儿，干脆就不玩了。

## 趁天未寒，人未老，出去转一转

霜降，是秋季到冬季的过渡节气，也是一个反映物候变化的节气，表示天气渐冷、开始降霜。

《月令七十二候集解》载："九月中，气肃而凝，露结为霜矣"；《二十四节气解》载：“气肃而霜降，阴始凝也。”

霜降时节，夜晚的地面上散热很多，温度骤然下降到0℃以下。空气中的水蒸气在地面或植物上直接凝结形成细微的冰针，有的成为六角形的霜花，色白且结构疏松，这就是“霜”。

俗话说“霜降杀百草”，意思是被严霜打过的植物，是没有生机的，是即将枯萎的。事实上，如果初霜时间过早，对不耐寒的作物后期生长和成熟的影响的确很大。一旦由于气温较低而造成霜冻，尚未成熟的秋收作物和未及收获的露地蔬菜，将受到损失。

动物对于霜降的典型反应，则是冬眠。霜降之后，虫类全部藏进洞中，不动不食，进入冬眠状态。

虽然霜和霜冻形影相连，危害庄稼的却是“冻”，而不是“霜”。霜打的茄子蔫了，可有的水果和蔬菜，经过霜打之后，却变得更加香甜可口，比如萝卜，还有柿子。

柿子一般在霜降前后成熟。此时的柿子，皮薄肉厚，正当鲜美。板栗也是这个时候健脾养胃的应季食物。

霜降时节，红叶更加烂漫。大片大片的树林，在经过秋霜的“亲吻”之后，开始漫山遍野地变成红色、黄色，成就秋日最美丽的画卷。这是这一年的秋天，带给人们的最后一个惊喜。

强烈建议，趁着天未寒、人未老，出去转一转，“看万山红遍，层林尽染”，感受一下“万类霜天竞自由”。

# 立冬

西风响，蟹脚痒，
蟹立冬，影无踪。

**立冬日**

己亥残秋报立冬，新新旧旧迭相逢。
定知天上漫漫雪，又下人间叠叠峰。
无意自然成造化，有形争得出陶镕。
夜来西北风声恶，拗折亭前一树松。

## 残秋之后，就是立冬节气

北宋宣和元年（公元1119年）立冬当天，荆南宜都（湖北宜都）风雪大作。

以“观文殿大学士、通奉大夫、提举西京嵩山崇福宫、清河郡开国公”荣衔退居在家，这年已经77岁高龄的张无尽，早上一起床就发现，自己府中凉亭前的一棵松树，竟然被风吹断了。他立刻觉得这个立冬节气不寻常，感慨系之地写下了上面这首《立冬日》。

**己亥残秋报立冬，新新旧旧迭相逢：**今年的残秋之后，就是立冬节气，新旧节气叠加着，相继到来。

“己亥”二字，是这首《立冬日》的系年依据所在。张无尽一生，只比较正常地经历了两个“己亥”年。

张无尽所经历的第一个“己亥”年，是六十年前的1059年。当时他才17岁，还在跟随自己的哥哥张唐英读书。未入社会、未历宦海的一个稚子，是写不出《立冬日》这首诗中的淡定从容和人生哲理的。所以，《立冬日》是张无尽在自己人生中的第二个“己亥”年，也就是1119年，写出来的。

**定知天上漫漫雪，又下人间叠叠峰：**立冬这天下起了雪，这下漫天飞舞的雪花，又要装扮人间层层叠叠的山峰了。

**无意自然成造化，有形争得出陶镕：**由自然界天然创造的雪花，降落人间，形成了一个个白色的山峰，宛如陶铸熔炼而成。

**夜来西北风声恶，拗折亭前一树松：**昨夜西北风呼啸了一夜，又猛又烈，把凉亭前的一棵松树吹断了。

张无尽，其实名叫张商英，字天觉，号无尽居士。作为北宋著名的贤相之一，世人也称他为“张无尽”“无尽丞相”。

还在张无尽生前，他的门生唐庚就曾给他一信：

**“某既至泸南，泸南边人知某为门下客也，争持酒肉相劳，且问相公起居状。某具言相公年七十余，精力如四五十人，须发乌光，无一茎白者。今虽翘然独与道游，而愿力深重，不忘利物之心。父老闻此，悉以手加额，至于感慨流涕。”**

张无尽是四川新津人，年轻时曾在家乡为官，29 岁官至南川（重庆南川）知县。南川与泸南相距并不甚远，可能当年张无尽曾因公到过泸南，所以泸南父老见过他年轻时的样子。加之他在地方为官时颇有爱民之举，是以到了他七十多岁时，仍有泸南百姓询问起居、转致问候之荣。

张无尽后来拜相时，有记录说，“四海欢呼，善类增气”，“于是天下殷然知有张公矣”。

他的文才，更是名震敌国、名动后世。他曾有文集 100 卷，惜已散佚大半；《全宋诗》收录有 102 首他的诗，这首《立冬日》却不在其中，而是收录于宋人蒲积中编辑的《古今岁时杂咏》一书。

他的另一个著名之处，在于他的书法，尤善草书。直到清朝的《御定佩文斋书画谱目录》，还认为他的书法在宋朝可与米芾齐名，可见其水平非同凡响。

张无尽还有一个著名之处，即他一生信佛，甚至佞佛，被称为“北宋佛教最得力的外护居士”，还被称为“护法丞相”。他名字中的“无尽”二字，就因为他“平生学浮屠法，自号无尽居士”而来。

今天的五台山成为佛教名山、旅游胜地，最应该感谢的人就是他。他应五台山僧众要求而撰写的《续清凉

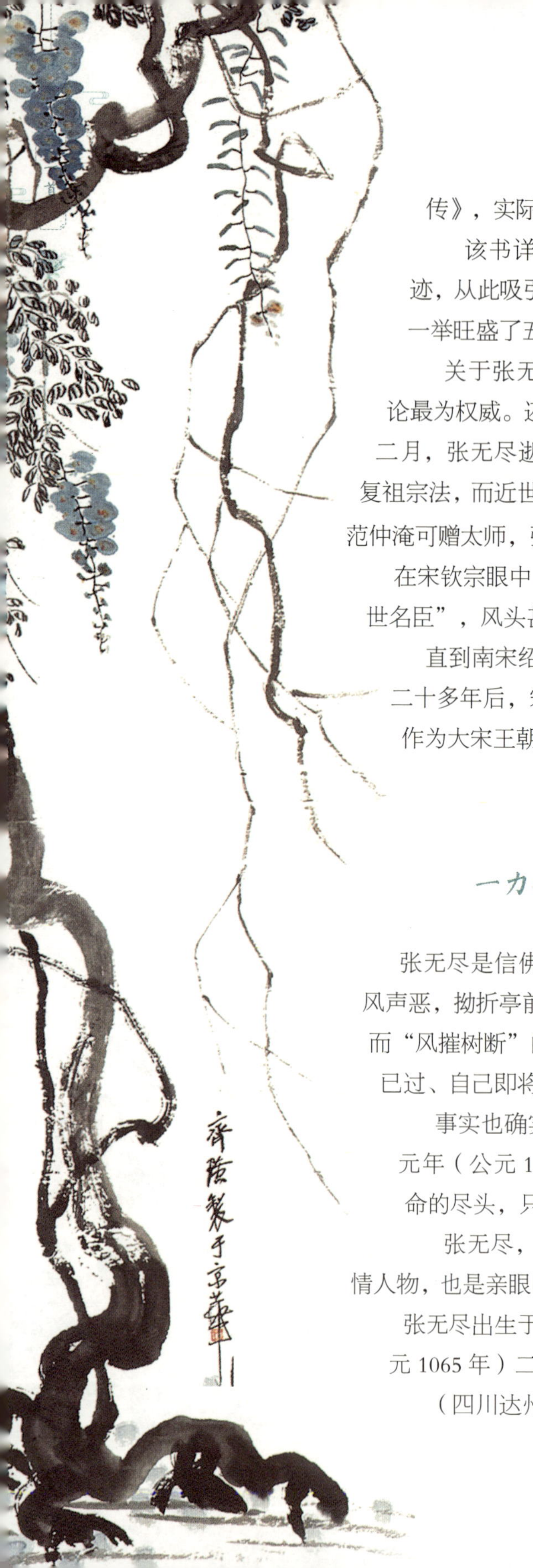

传》，实际上就是五台山的旅游广告软文。

该书详细记载了他本人在五台山见到的灵应圣迹，从此吸引了大批欲见灵应圣迹的官员及百姓上山，一举旺盛了五台山的香火，直至今天。

关于张无尽的综合评价，当然还是大宋王朝的结论最为权威。还在北宋末期的靖康元年（公元 1126 年）二月，张无尽逝世五年后，宋钦宗“诏三省枢密院尽遵复祖宗法，而近世名臣，未有褒录，何以示朕意？司马光、范仲淹可赠太师，张商英可赠太保”。

在宋钦宗眼中，张商英是与司马光、范仲淹齐名的“近世名臣”，风头甚至盖过了韩琦、欧阳修。

直到南宋绍兴十四年（公元 1144 年），张无尽逝世二十多年后，宋高宗还郑重其事地追谥他为“文忠”，作为大宋王朝对于张无尽的盖棺定论。

## 一力打造北宋王朝最后一抹亮色

张无尽是信佛的人。在他内心之中，对于“夜来西北风声恶，拗折亭前一树松”的解读，一定比我们复杂得多。而“风摧树断”的暗示，更是激起了他心中此生鼎盛时期已过、自己即将往生的波澜。

事实也确实如此。在写下《立冬日》这首诗的宣和元年（公元 1119 年）立冬节气，他已 77 岁，距离生命的尽头，只有两年了。

张无尽，是独力打造北宋王朝最后一抹亮色的悲情人物，也是亲眼目睹北宋王朝背影远去的最后一个文人。

张无尽出生于庆历三年（公元 1043 年）。治平二年（公元 1065 年）二月，张无尽 23 岁时中进士第，得授达州（四川达州）通川县主簿，不久调任汉州（四川广汉）洛县主簿。在这两个类似副县长兼办公室主任的岗位上，张无尽一直干到25岁，随后丁父忧离职守制。

张无尽在26岁时遭遇一生中最大的变故：这一年，他的人生导师、学业老师兼四哥，已经担任朝廷殿中侍御史的张唐英，不幸英年早逝，年仅43岁。

张唐英过世，张无尽今后只能靠自己单打独斗了，有时候，只怕还得冒着生命危险去拼。他的南川知县一职，就是他冒着生命危险，深入虎穴招降渝州叛蛮王衮的回报。

直到30岁，张无尽的主要活动范围，一直局限于自己的家乡四川。直到他遇见了另一个姓章的——章惇，一个取代了张唐英，成为张无尽新的人生导师的人。

熙宁四年（公元1071年）七月，章惇以“夔湖北路察访使、经制夔州夷事”的身份来到四川。章惇后来也是北宋名相之一，其为人“豪俊，博学善文”。此时正当年少，又贵为钦差大臣，春风得意之际，对当地官员嬉笑怒骂、牛气哄哄，“夔之监司、知州被其凌辱，俱不堪。”

被凌辱得没有办法的四川当地官员们决定，推出张无尽：“有知渝州南川县事张商英者，其才辩可与章公敌。”在这种情况下，姓张的遇见姓章的第一面就颇具戏剧性：

**“一日召于末座，商英著道士服来，长揖就坐。惇好大言，商英又为大言以胜之。惇喜，归朝荐商英于荆公，以中书检正官召，商英由此进。”**

一个吹牛的，遇见了另一个更会吹牛的，于是服了，并惊为天人。经由章惇的推荐，张无尽由当时的丞相王安石提拔到京师，任职太子中允、权监察御史里行，进入了前途无量的清贵言官行列。

而经由王安石、章惇引荐进入中央政坛，决定了张无尽一生的政治面貌——“新党”。

在当时，凡是拥护王安石改革主张的，都是“新党”，又称为“元丰党人”。推荐他的章惇，早已是“新党”的成员了，而提拔他的王安石，更是“新党”的党首。“新党”代表人物还有吕惠卿、曾布、韩绛等人。

凡是反对王安石改革主张的，都是“旧党”，又称为“元祐党人”。这些“旧党”中人，并非我们所想象的守旧人士、迂腐人物，也全是大名鼎鼎的牛人、大咖，不是大牌政治家就是大牌学者：文彦博是四朝宰相，吕公著是著名学者，司马光是《资治通鉴》的作者，范祖禹是《唐鉴》的作者，程颐是“二程理学”的开创者，至于苏洵、苏轼父子和黄庭坚、秦观就更不用说了。

平心而论，致力于通过变法改变北宋财政“积贫”、军事“积弱”局面的“新党”王安石、章惇等人，并非是蓄意更改祖制，祸国殃民、为非作歹之徒；而反对变法的“旧党”司马光、苏轼等人，也并非是因为变法触动了个人私利，而为了一己之私才反对变法的。

再平心而论，“新党”王安石一方，在推进变法过程中，确实存在操之过急、用人不当的毛病；“旧党”司马光一方，在阻挠变法过程中，也确实存在以偏概全、全盘推翻的毛病。

更要命的是，双方一开始，还只是“意见之争”；随着几任皇帝、皇太后的态度游移，搞过几次你方唱罢我登场之后，“意见之争”终于无可救药地演变成了“意气之争”。

“意气之争”的最大问题在于，绝对地、不加分辨地党同伐异，于国于民有利的事，可以为了反对而反对；于国于民不利的事，可以为了赞成而赞成。

“意气之争”的手法，也越来越严酷。一党掌权，就要把另一党全部赶出中央，还将他们的名字一一刻在石碑上榜示朝堂，不许他们返京，不许他们的子孙入仕做官，等到另一党掌权，上述种种，又来一过。

幸亏北宋皇帝们杀文官的瘾头儿不大，否则“新党”“旧党”的人头加起来，都不够砍的。

但如此这般地折腾个几次，北宋的国势，就没法儿不江河日下了。

北宋之亡，至少有一半原因，要归咎于这场持续近百年的“新党”和“旧党”之间的党争。

熙宁五年（公元 1072 年），30 岁的张无尽，正式加入战团，进入党争旋涡。

张无尽的选边、站队，是“新党”，就连后来的宋徽宗赵佶都说他“无一日不在章惇处”。所以，他这一生的荣辱，都与“新党”、章惇息息相关。

“新党”得意时，他调任京师，可以官至侍郎、尚书；“旧党”得意时，他被贬谪地方，可以担任江陵县税务所长。

几经沉浮之后，大观四年（公元 1110 年）六月，他才在 68 岁的高龄“除尚书右仆射兼中书侍郎”，实际主持北宋中央政局。

此时，王安石死了，司马光死了，苏轼死了，章惇也死了。无论“新党”“旧党”，都已成黄土党。

虽然上朝的百官依旧人声鼎沸，可在张无尽看来，偌大的朝堂早已显得空空荡荡—既然都走了，只留下我一个人，那么就让我来认认真真地为大宋做点实事吧。

也许是预感到来日无多，从实际主持北宋中央政局的那一天开始，张无尽就争分夺秒地开始了一个人的努力：“于是大革弊事，改京所铸当十大钱为当三以平泉货，复转般仓以罢直达，行盐钞法以通商旅，蠲横敛以宽民力”。同时，他劝宋徽宗赵佶“节华侈，息土木，抑侥幸”。赵佶到底是个花花公子的底子，实在憋不住奢侈之心，又不便过于驳颤巍巍老丞相的面子，于是玩起了小孩子般的捉迷藏游戏：“帝颇严惮之，尝葺升平楼，戒主者遇张丞相导骑至，必匿匠楼下，过则如初。”

君臣之间，竟然如此儿戏。所以，真要死的人，你拦不住；真要作死的人，你也拦不住。宋徽宗赵佶就是这样的人。

此时，张无尽的人生导师章惇早前说过的那句话应验了：“端王（赵佶）轻佻，不可以君临天下”。一年之后，轻佻的宋徽宗赵佶，终于再也不耐烦玩捉迷藏游戏了，开始了北宋和他自己的作死之旅：贬谪张无尽，重新起用蔡京。

政和二年（公元 1112 年），已经 70 岁的张无尽“领崇信军节度副使职，衡州安置”。与此同时，重新上台的蔡京尽改张无尽之政，国事再度陵替。引得一帮太学生们群情激昂，直接上书朝廷，以诉前宰相张无尽之冤。

但这一切，都已经跟张无尽没有关系了。风烛残年的他，已经竭尽所能，为大宋尽了自己的最后力量，独力打造了王朝的最后一抹亮色。

宣和三年（公元 1121 年），张无尽以 79 岁高龄谢世。并未归葬蜀地，而是安葬于宜都白羊驿，先葬江边，后来迁葬附近山中。

张无尽离去的这一年，揭竿而起的宋江、方腊正在四出攻略，闹得海内骚然，而最终要了北宋性命的“海上之盟”也已经达成。北宋，已经不可逆转地驶入了覆亡的快车道。

六年之后，有一个人，在自己国破家灭、身陷囹圄之后，才又想起了张无尽的忠直和努力：“思张商英忠谏，尝为赋诗，有‘尝胆思贤佐’之句。”

这个人，就是赵佶，就是宋徽宗。

## 立冬：酿造黄酒的好日子

立冬节气的到来，标志着一年冬季的开始。

冬，是一年中最后一个季节。甲骨文中的“冬”，字形如绳结，象征着四季的终结。东汉许慎《说文解字》载：“冬，四时尽也。”

“立，建始也”，即“建立”、“开始”之意；“冬，终也，万物收藏也”。秋季作物全部收晒完毕，收藏入库，动物也已躲藏起来准备冬眠，以规避寒冷。

立冬，是中国古代的大日子。古代立冬之日，天子有出北郊迎冬之礼，并有赐群臣冬衣、矜恤孤寡之制。

在浙江绍兴，立冬是开始酿造黄酒的日子。

黄酒是源于中国的独有酒种。立冬到第二年立春这段时间，最适合酿造黄酒。原因是，冬季水体清冽、气温低，可有效抑制杂菌繁育，又能使酒在低温条件下长时间发酵的过程中，形成良好的风味，所以冬季是最适合酿酒发酵的季节。

为什么我国古代名酒多以“春”命名？原因就在于这个酿造时间。马端辰《毛诗传笺通释》记载说：“周制盖以冬酿酒，经春始成，因名春酒。”

像李白、杜甫、白居易，这些号称“斗酒诗百篇”的唐朝诗人们，其实他们喝的，都是古法酿造的低度黄酒。

# 小雪

夹雨夹雪，
无休无歇。
小雪封地地不封，
老汉继续把地耕。

**和萧郎中小雪日作**

征西府里日西斜，独试新炉自煮茶。
篱菊尽来低覆水，塞鸿飞去远连霞。
寂寥小雪闲中过，斑驳轻霜鬓上加。
算得流年无奈处，莫将诗句祝苍华。

## 鸿雁高飞，消失在远方的晚霞之中

略知北宋历史的人，大约都知道宋太祖赵匡胤曾经按剑怒吼而出的那句话："卧榻之侧，岂容他人鼾睡乎！"但很少有人知道，当时身在赵匡胤对面，第一个听到这句大实话，脸上兴许还沐浴着伴随这句大实话喷薄而出的唾沫星子的，就是上面这首诗的作者——徐铉，时任南唐兵部尚书、知制诰、修文馆学士承旨。

宋开宝八年（公元 975 年）十一月，徐铉作为南唐的首席使臣，正在东京（河南开封）力劝赵匡胤放南唐一马，"乞缓兵以全一邦之命"，不要攻占金陵。

不过这只是南唐一厢情愿的幻想，平定南唐是赵匡胤的既定国策，而且大军早已出发，岂能仅凭徐铉的三寸不烂之舌就功亏一篑？赵匡胤虽然干的是无端讨伐之事，但同时也是可爱的老实人，这才在一急之下，吼出了史上那句著名的大实话。

史称徐铉当时的反应是"皇恐而退"。随后，他又回到即将陷落的金陵，陪同城破国亡的南唐后主李煜，再度北上，投降大宋。

徐铉，是土生土长的南唐文臣。写《和萧郎中小雪日作》的时候，他正在南唐太子左谕德、知制诰、中书舍人任上。这首诗，也是他给好朋友“萧郎中”萧俨的和诗。

徐铉似乎很喜欢写唱和诗，他一生留下的 421 首诗中就有 253 首唱和诗，占比超过 60%。

诗题中的“萧郎中”萧俨，当时正以“刑部郎中”的身份，担任晋王、江南西道兵马元帅、洪州大都督李景遂的幕僚。

徐铉为好友萧俨写下和诗之时，正值后周显德六年（公元 959 年）的小雪节气。

**征西府里日西斜，独试新炉自煮茶：**征西元帅府里，夕阳西下之时，萧俨独自一人，尝试用新炉来煮茶。

萧俨寄给徐铉那首诗的内容，现已无考。但这两句诗，徐铉显然是在回应好友来诗内容中所描述的画面。

到了徐铉、萧俨的时代，茶已是人们日常生活中的必需品。

唐朝以前，茶的饮用主要在南方，到了唐朝中期，才得以普及全国。史称“茶兴于唐”，“至德、大历遂多，建中已后盛矣”；到了宋朝，茶更是到了另一个繁荣的顶点。宋人蔡条在《铁围山丛谈》中写道：“茶之尚，盖自唐人始，至本朝为盛”。

关于煮茶的用具，唐人陆羽的《茶经》只列了“釜”一种。从唐诗中来看，唐人还曾用“鼎”“铛”“盂”等煮茶。萧俨在这里煮茶的用具，是“炉”。可见，当时的煮茶用具已呈多样化趋势。

**篱菊尽来低覆水，塞鸿飞去远连霞：**此时，花园中的菊花盛开，低低地覆盖了水面，边塞的鸿雁高飞，消失在了远方的晚霞之中。

**寂寥小雪闲中过，斑驳轻霜鬓上加：**这一年的小雪节气，我徐铉也是在悠闲中度过的，只是发现自己鬓上，花白的头发又增加了不少。

这一年，徐铉 43 岁。

**算得流年无奈处，莫将诗句祝苍华：**就算在对流年易逝最无奈的时候，我们也不要仅仅为了自己少添几根白发，拿自己的诗句去祈求头发之神——“苍华”。

## 北宋武功强，南唐文化高

“卧榻之侧，岂容他人鼾睡乎！”是那个时代，天下第一武人对天下第一文人的怒吼。

是的，这就是当时的实际情况：北宋武功强，南唐文化高。换句话说，南唐相对于北宋，都有着极强的文化自信。

君对君，有文化自信。

后周世宗柴荣，号称英主，但史书说他“善骑射，略通书史黄老”。所谓“略通”，就是文化水平不高的委婉表达啦。

接下来的宋太祖赵匡胤，是北宋开国皇帝，史书也只是说他“容貌雄伟，器度豁如，识者知其非常人。学骑射，辄出人上”。通俗地说，史书上写的赵匡胤，一是长得帅，二是气度大，三是骑射好，就是没说文化水平高。

来看看南唐的君主们。南唐开国君主李昪“独好学，接礼儒者”，“以文艺自好”。他专门设置“建业书房”，用以收藏各地征集的三千多卷图书；他重视教育，在秦淮河畔设国子监，兴办太学、小学，培养国子博士和四门博士。

南唐中主李璟，爱好文学，“时时作为歌诗，皆出入风骚”，具有较高的文学艺术修养，经常与宠臣如韩熙载、冯延巳等人饮宴赋诗。他的词感情真挚，风格清新，语言不事雕琢，对南唐词坛产生过一定的影响。“小楼吹彻玉笙寒”，就是他创作的流芳千古的名句。

南唐后主李煜，艺术成就更是远超前人。他多才多艺，工书善画，通音晓律，能诗擅词。他的书法，号称“金错刀”“撮襟书”，他的画作，世称“铁钩锁”。李煜尤以词的成就最大。一首《虞美人·春花秋月何时了》，写尽亡国之痛。

北周、北宋君主，和南唐君主比较起来，大概是小学生和博士生的区别。

臣对臣，更有文化自信。

赵普是北宋开国第一文臣，但他“少习吏事，寡学术”，“半部《论语》治天下”的典故更是传遍天下。

对比一下写《和萧郎中小雪日作》的徐铉。事实上，徐铉是当时横贯南唐、北宋两国的第一文人、一代文宗，也是著名的文学家、书法家。

徐铉长于书法，喜好小篆。欧阳修在《集古录跋尾·泰峄山刻石》中评价：“昔徐铉在江南，以小篆驰名，郑文宝其门人也，尝受学于铉，亦见称于一时。”其行书则开宋人尚意书风之先河，行书代表作《私诚帖》现藏台北“故宫博物院”。

徐铉还精于文字学，他曾与句中正等共同校订《说文解字》，增补 19 字入正文，又补 402 字附于正文之后。经他校订增补过的《说文解字》，世称“大徐本”。

徐铉工诗，有 421 首被《全宋诗》所收。他的诗风，平易浅切，真率自然，颇似唐朝的白居易。从这首《和萧郎中小雪日作》，可见一斑。

徐铉在诗词方面的宗师地位，可以这样简单粗暴地概括：仅就直接的师承关系而言，他是北宋宰相、文学家、音韵学家、中国最重要古韵书《广韵》主要修撰人陈彭年的老师，他是北宋宰相、文学家、名句“无可奈何花落去，似曾相识燕归来”的作者晏殊的师爷，他还是北宋宰相、文学家范仲淹、王安石和欧阳修的祖师爷。

北宋第一文臣赵普，相对于南唐第一文臣徐铉而言，就是初中生和博士生导师的区别。

明人冯梦龙在其所撰《智囊》中记载了这样一则故事，忠实记录了北宋君臣在满满文化自信的徐铉面前的窘态：

**“‘三徐’名著江左，皆以博洽闻中朝，而骑省铉尤最。会江左使铉来修贡，例差官押伴。朝臣皆以词令不及为惮，宰相亦艰其选，请于艺祖。艺祖曰：‘姑退，朕自择之。’有顷，左珰传宣殿前司，具殿侍中不识字者十人以名入。宸笔点其一，曰：‘此人可！’在廷皆惊，中书不敢复请，趣使行。殿侍者莫知所以，弗获已，**

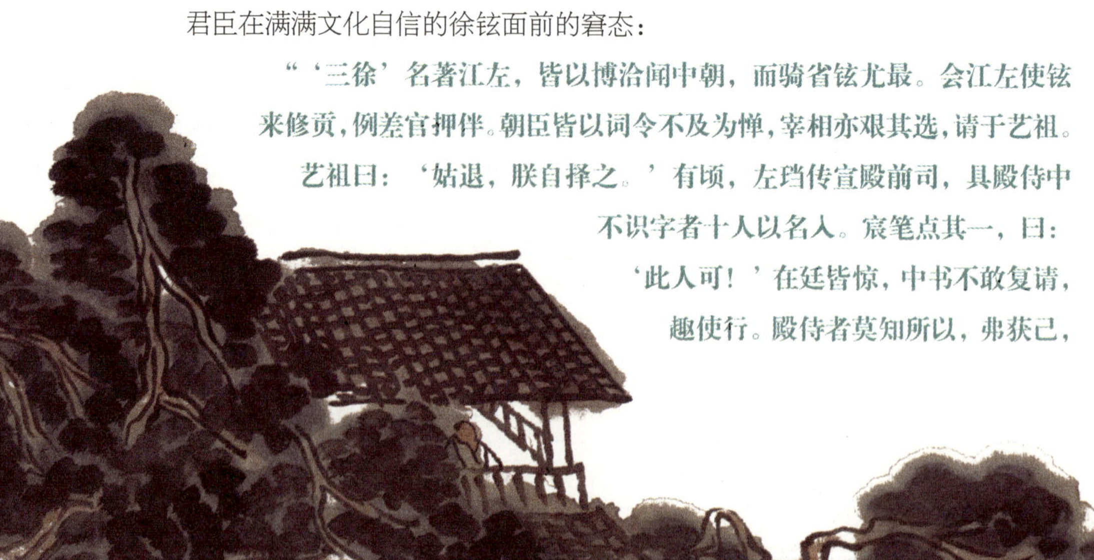

**竟往。渡江，始铉词锋如云，旁观骇愕，其人不能答，徒唯唯，铉不测，强聒而与之言。居数日，既无酬复，铉亦倦且默矣。"**

赵匡胤这也是没有办法的办法：面对博学多才的徐铉，与其挑一个半通不通的初中生去出丑露怯，还不如挑一个一窍不通的文盲去深藏若拙。高，实在是高。

开宝八年（公元 975 年）十二月，宋师攻克金陵后，"太祖既下江南，得徐铉、汤悦、张洎辈，谓之曰：'朕平金陵，止得卿辈尔。'"徐铉跟随南唐后主李煜一起，投降北宋。

作为早就打过交道的老熟人，宋太祖赵匡胤面对此时才投降的徐铉："责之，声甚厉。铉对曰：'臣为江南大臣，国亡罪当死，不当问其他。'太祖叹曰：'忠臣也！事我当如李氏。'"从此，59 岁的徐铉开始了自己后半生进退维谷的降臣生涯。

他初为太子率更令，这是一个有职无权，仅供领取俸禄之用的闲官。后来，徐铉"从征太原，军中书诏填委，铉援笔无滞，辞理精当，时论能之。师还，加给事中。八年，出为右散骑常侍，迁左常侍"。这又是一个负责规谏过失、侍从顾问的闲官。

他还发挥了自己的文学特长，参与修订《太平广记》《太平御览》《文苑英华》《说文解字》《江南录》，议定封禅礼，权知礼部贡举等。宋太祖赵匡胤既然认定他是忠臣，终己一世，虽然一直没有重用他，但也没有为难他。

等到宋太宗赵光义上台，局面就大不一样了。赵光义对徐铉这样的南唐降臣，不仅百般猜忌，而且想方设法打压。

赵光义对于徐铉最致命的打击，在淳化二年（公元 991 年），也就是徐铉 75 岁时到来。一桩不起眼的官司，牵连到了徐铉。

这一年，有一个名叫道安的尼姑，到开封府状告自己的兄嫂不赡养姑母。因为道安状告的嫂子，是徐铉妻子的外甥女。所以徐铉为此给开封府判官张去华写了一封信，说明原因，并取得了他的谅解。张去华未予受理道安的诉状，决定将道安械送庐州本郡。

不料道安不服，去擂了登闻鼓，由此惊动了宋太宗。这次道安不仅状告兄嫂，而且状告张去华徇私枉法，还诬陷徐铉与外甥女姜氏通奸，这才为之写信请托。

不得不佩服尼姑道安的想象力，居然想到诬陷一个 75 岁的男人与人通奸；也不得不佩服宋太宗的判断力，居然就信了；或者换句话说，他非常乐见有人诬陷徐铉，乐见此事越闹越大。

于是，他下令逮捕道安及其兄嫂、徐铉、张去华，交大理寺审讯。大理寺审讯认定徐铉罪名不实，又交与刑部复审，结果仍然相同。宋太宗居然又怀疑官员们集体徇私，将所有审理此案的官员一并治罪，削官一任，徐铉则贬静难军节度行军司马。

就这样，75 岁高龄的徐铉不得不离开东京（河南开封），踏上了北上前往邠州（陕西彬县）的贬谪之路。这一次的长途跋涉，对于他的身心，都是巨大的摧残。

到达贬谪地之后，他“内不能以得丧动，外不能以荣辱干，然而为学之心老而弥笃。在邠州日，时俗文字讹谬，乃亲以隶字写《说文》，字体纤细，正如蝇头，过数万言”。淳化三年（公元 992 年）八月，徐铉在邠州孤寂地死去。

尼姑道安，也算得上是徐铉的远房亲戚了。受到亲戚的诬陷而身死贬所，这样一个人生结局，对于平生为人以温和著称、一贯尽力照顾家族亲戚的徐铉而言，极不公平。

胡克顺所撰的《徐公行状》载：“公于内外族，视无疏密，待之如一。其有孤嫠无告者，皆纠合收养，称家之有无，随事拯济婚嫁，视之如家人子。虽谗口谤议纷纭盈耳，公自信不疑。唯恤孤念旧是急，不知其它。及左迁邠、岐，亦坐此获谴矣。”

简而言之，徐铉对得起包括尼姑道安在内的家族亲戚们。

徐铉一生，仕途六十年，起于南吴睿帝大和四年（公元 932 年）时的校书郎，终于宋太宗淳化三年（公元 992 年）的静难军节度行军司马。其间，两次改朝换代，侍奉三朝六主，先后三次遭贬，宦海沉浮多年。

徐铉，一个值得被记起的诗人，一个有故事的男人，一个大写的人。

## 做香肠、腌腊肉的好时节

在二十四节气中，小雪节气表示这一年降雪的起始时间与程度。

小雪节气之后，气温将持续走低，由冷转寒，降水状态也由雨变成雪。此时天气阴冷晦暗，光照较少，万物蛰伏，天地一派肃杀清冷之象。

小雪节气前后，通常会伴有入冬之后的第一场雪。小雪者，寒未盛而雪初见也。“小雪气寒而将雪矣，地寒未甚而雪未大也”（《二如亭群芳谱》），“雨为寒气所薄，故凝而为雪，小者未盛之辞”（《二十四节气解》）。

小雪时节，气温急剧下降，空气变得干燥，正是做香肠、腌腊肉的好时候。此时，可以开始制作香肠、腊肉，到了春节正好享受美食。

小雪节气也正是打糍粑的好时候。糍粑，是用糯米蒸熟捣烂后所制成的一种食品，是南方地区流行的传统美食之一，也是许多人儿时的美食记忆之一。

# 大雪

雪盖山头一半，
麦子多打一石。

### 次韵和王道损风雨戏寄

小雪才过大雪前，萧萧风雨纸窗穿。
而今共唱新词饮，切莫相邀薄暮天。

## 风雨潇潇，把窗户纸都吹破了

北宋庆历六年（公元 1046 年）大雪节气前夕，风雨下个不停。当时正在许昌“忠武军节度判官”任上的梅尧臣，开玩笑地给自己的好友王道损寄去了这首和诗。

诗题中的“次韵”，也称“步韵”。是指按照原诗的韵和用韵的次序，来创作和诗的一种方式。“王道损”，就是梅尧臣的好友王徽，字道损。

“道损”二字，大有来历，出自老子的《道德经》：“为学日益，为道日损，损之又损，以至于无为，无为而无不为。”

“为道日损”，是指人在追求“道”这种内在精神境界提升的过程中，要做到不断地“日损”，逐步摒弃自己心中的偏执、狂妄、机巧，才能在更高的境界上以更博大的心灵，俯仰于天地之间。

所以，别看人家“道损”二字，字面儿看着不大吉利，其中可是大有深意存焉。

**小雪才过大雪前：**今年的小雪节气才刚刚过去，目前正是大雪节气之前。

**萧萧风雨纸窗穿：**眼下天气正是寒冷，风雨潇潇，把糊窗户的纸都吹破了。

说到“纸窗”，梅尧臣居然还在我国古代的诗人们当中，保持着一项独特的记录：他是留下吟诵“纸窗”诗作最多的人。

一般而言，人们居住的建筑物为了采光和通风，必须设计窗户。但窗户有了之后，寻找合适的蒙窗材料，却又操碎了古人的心。在纸窗之前，古人先后使用过云母、琉璃、贝壳、绮纱、竹草等，来作为蒙窗的材料。但这些材料，或只能采光，或只能通风，或者贵重难得，都不是理想的蒙窗材料。

从唐史、唐诗的记录来看，唐朝无纸窗。使用纸张来蒙窗，大量地出现在梅尧臣所处的北宋时代。从此，在平板玻璃发明之前，纸窗在我国使用达千年之久。但是，纸窗遇到狂风暴雨时容易破损。所以梅尧臣的诗中才说“萧萧风雨纸窗穿”。

**而今共唱新词饮：**如今正是一起饮酒赋诗作词的好时候。

在宋朝，经常在自己的诗中以酒为主题，诗中常出酒字的诗人，梅尧臣是第一个。当然，还有苏舜钦、苏轼、黄庭坚、杨万里、陆游等几个酒鬼。

梅尧臣自诩为“性嗜酒”，而且作诗说自己“一日不饮情颇恶”，很有点儿酗酒的意思。虽然这句诗里，梅尧臣没有说“酒”而说的是“饮”。

**切莫相邀薄暮天：**但是，千万不要在薄暮之时才发出邀请。

这一年，梅尧臣已经 45 岁，已是进入中老年的人了。他戏寄王徽，要求他在邀请自己喝酒时，不要迟至薄暮之时才发出邀请，其原因可能是因为天雨路滑，往返又得在光线不好的晚上，自己作为中老年人不大方便的缘故。

写下《次韵和王道损风雨戏寄》的梅尧臣，是宋诗的“开山祖师”；而《次韵和王道损风雨戏寄》，则是他现存 2800 余首诗中的一首。

2800 余首的存诗数量，等同于今天我们接受度更高的诗人苏轼的存诗数量。但从辈分上讲，苏轼是梅尧臣的晚辈。苏轼在梅尧臣面前，那得叫上一声“师伯”。因为他的正宗座师欧阳修，是与梅尧臣平辈论交的好友；而欧阳修、梅尧臣两人，后来都对苏轼，有过提携之德。

更猛的是，包括欧阳修、苏轼在内，“唐宋八大家”中宋朝的那六位，在文学方面都是受过

梅尧臣的影响和教益的。

诗歌史上，梅尧臣正是和欧阳修、尹洙一起，发起了声势浩大的诗文革新运动，并以自己的诗歌创作理念和实践，开辟了宋诗的全新道路。从他之后，宋诗才得以别开生面，由“唐音”转变为“宋调”，走上了自己的发展之路。

对于梅尧臣的诗歌成就，欧阳修自愧不如，“圣俞翘楚才，乃是东南秀。玉山高岑岑，映我觉形陋”；编撰《资治通鉴》的司马光，将梅诗视为至宝，并且预言其将不朽，“我得圣俞诗，于身亦何有？名字托文编，他年知不朽。我得圣俞诗，于家果何如？留为子孙宝，胜有千年珠。”

陆游盛赞梅诗，“李杜不复作，梅公真壮哉”；并且，陆游还在所撰《梅圣俞别集序》中透露了苏轼对于梅诗的态度，“苏翰林多不可古人，惟次韵和陶渊明及先生二家诗而已”。意思是说，苏大才子对于前人的诗，只看得起陶渊明和梅尧臣这两个人而已。

## 提携苏轼：梅尧臣的人生绝唱

在大雪时节写下《次韵和王道损风雨戏寄》的这一年，45岁的梅尧臣，又结婚了。呃，我为什么要说“又”呢？

因为，这一次梅尧臣的确是再婚，是续弦。

梅尧臣第一次结婚，还是在二十年前。那是在天圣五年（公元1027年），26岁的梅尧臣迎娶了20岁的谢氏。两个正当韶华的年轻人，在北宋的首都开封，幸福地结婚了。

当时，梅尧臣住在“以直集贤院改直昭文馆”的叔父梅询府中，其未来岳父谢涛，则官居“以太常寺卿判太府寺”。两家均住在首都，还都是门当户对的部级高官。所以，推测梅尧臣与谢氏的婚礼，应是在开封举行，而且得风光大办。

这一年，梅尧臣刚刚完成大学学业。是的，你没看错，他的年谱记载是这样的，“是岁，尧臣当肄业国子监”。新婚第二年，梅尧臣以荫入仕，“由太庙斋郎循资补桐城主簿”，从此踏入官场。

此后，梅尧臣历任河南县主簿、河阳县主簿、以德兴令知建德县事、知襄城县事。到了庆历四年（公元 1044 年）时，梅尧臣从湖州监税解任回京时，婚后 17 年一直跟随他宦游四方的谢氏，却于这年七月病逝于高邮三沟北上的舟中。

更叫人心酸的是，由于梅尧臣多年屈处下僚，并且为官清廉，夫人客死他乡时竟无钱置办寿衣，只能“殓以嫁时之衣，葬于润州”。谢氏去世后，梅尧臣哭之极哀，作《悼亡》诗三首，夸谢氏“见尽人间妇，无如美且贤”，并且回忆“相看犹不足”的婚后时光，最后许下“终当与同穴”生死之愿。

两年之后，梅尧臣到许昌出任“忠武军节度判官”，就在写下《次韵和王道损风雨戏寄》之前的三月，为了“阃中事有托，月下影免只”，续弦刁氏。新婚喜庆之际，梅尧臣的心情，却是“喜今复悲昔”，因为他心中仍然时时想念着谢氏，所以“惯呼犹口误”。

再婚第二年，梅尧臣许昌任满，携眷于九月回到东京。这时，有一个刚刚 27 岁的姓王的年轻人，要到浙江鄞县任知县，仰慕梅尧臣的文名，行前来拜见。梅尧臣一见倾心，许为国器，专门作诗《送鄞宰王殿丞》，为他送行。这个姓王的年轻人，就是后来大名鼎鼎的王安石。

皇祐元年（公元 1049 年），梅尧臣丁父忧刚刚结束，又于皇祐五年（公元 1053 年）丁母忧。正当梅尧臣在老家宣城居丧时，一个弱冠少年来访。梅尧臣一见叹曰：“天才如此，真太白后身也！”

这个被梅尧臣品评为李白再世的年轻人，就此一举成名。他就是留下 1400 余首诗的北宋著名诗人郭祥正，而且，他真的诗风纵横奔放，酷似李白。

嘉祐元年（公元 1056 年），梅尧臣受好友欧阳修推荐，起复为国子监直讲，开始参与修撰《新唐书》。此时的梅尧臣，已以诗词驰名天下三十年，虽然仕宦不显，但颇爱奖掖后进，俨然已是一代宗师的地位，天下读书人均以能得到他的青眼为荣。

就在这时，有一位姓苏的四川人，带着两个儿子，来到开封。默默无闻的父子三个，虽然是腹中有货的读书人，却“世未有知之者”。又是梅尧臣最先发现的人才，“尧臣独称之”，并且还作诗称许苏家的两个儿子为“家有雏凤凰”。这父子仨，就是后来大名鼎鼎的苏洵、苏轼、苏辙。

得到梅尧臣的赏识，是苏氏父子的人生转折点。因为嘉祐二年（公元 1057 年）的科举考试，梅尧臣的好友欧阳修是主考官——“权知贡举”，梅尧臣自己也是考官——“充点检试卷官”。

这次考试，《老学庵笔记》记载了一个细节：东坡先生省试《刑赏忠厚之至论》有云：“皋陶为士，将杀人。皋陶曰：‘杀之！’三。尧曰：‘宥之！’三。”梅圣俞为小试官，得之以示欧公，公曰：“此出何书？”圣俞曰：“何须出处。”公以为皆偶忘之，然亦大称叹。初欲以为魁，终以此不果。及揭榜，见东坡姓名，始谓圣俞曰：“此郎必有所据，更恨吾辈不能记耳。”及谒谢，首问之，东坡亦对曰：“何须出处？”乃与圣俞语合，公赏其豪迈，太息不已。

这才叫“物以类聚，人以群分”。只有这样的梅尧臣，才会欣赏这样的苏轼。这样的人生知己，苏轼该不该叫他一声“师伯”或“恩师”？

提携苏轼，已接近于梅尧臣的人生绝唱。嘉祐五年（公元 1060 年）四月，年仅 59 岁的梅尧臣，在“都官员外郎、充国子监直讲、修《新唐书》”任上病逝。也就在他逝去的这一年，《新唐书》修撰完成。

梅尧臣一生，未及耳顺之年即早早逝去，好友欧阳修痛惜不已，亲撰祭文。值得一提的是，梅尧臣逝世后，其子梅增遵其遗嘱，扶柩南归，将他葬于家乡宣州双羊山；然后，梅增又前往润州，请出谢氏遗骨，归葬宣州，与梅尧臣同穴。

至此，梅尧臣生前对谢氏许下的“终当与同穴”的誓言，他做到了。

## 窗外大雪纷飞，屋内围炉夜话

“大雪”节气，顾名思义，雪量变大，表示降大雪的起始时间和雪量程度。这是一个直接反映降水的节气。到了这个时段，雪往往下得大、范围也广，故名“大雪”。《月令七十二候集解》载：“十一月节。大者，盛也，至此而雪盛矣。”

“大雪”节气的命名，在二十四节气中，算是最晚的了。《尚书·尧典》只讲了“日中、日永、宵中、日短”四个节气，即“春分、夏至、秋分、冬至”；《管子·轻重》则增加了“四立”——立春、立夏、立秋、立冬；《吕氏春秋·十二纪》则有了22个节气，但仍然没有“小满”和“大雪”；直到西汉刘安所著的《淮南子·天文训》才补充了“小满”和“大雪”，就此定名。

大雪节气，要是天公作美，来一场厚厚的名副其实的大雪，那才叫应景。窗外大雪纷飞，屋内围炉夜话，举杯团聚，正是家人、朋友之间的温馨时刻。

所以，梅尧臣写下《次韵和王道损风雨戏寄》这首诗，其实就是想喝酒了，想约好朋友一起度过大雪节气。这才在诗中给好朋友出主意：“而今共唱新词饮”。

# 冬至

冬至落雨星不明，
大雪纷纷步难行。

## 冬至日独游吉祥寺

井底微阳回未回，萧萧寒雨湿枯荄。
何人更似苏夫子，不是花时肯独来。

### 不断落下的冷雨，打湿了路边的草根

北宋熙宁五年（公元 1072 年）冬至日这天，时任杭州通判的苏轼苏夫子，独自来到位于杭州安国坊、始建于宋太祖乾德三年（公元 965 年）的吉祥寺，一个人游玩观赏。

时值冬至节气，天上又下着雨，吉祥寺显得格外冷清。苏轼苏夫子边走边看，边赏边吟，写下了这首《冬至日独游吉祥寺》。

**井底微阳回未回，萧萧寒雨湿枯荄：**今天是冬至，不知道吉祥寺水井里的泉水，转暖了没有？我只看到，不断落下的冷雨，打湿了路边的草根。

苏夫子是文化人儿，所以这第一句诗，就大有来历。《礼记·月令》载："冬至水泉动"，《逸周书》载："十有一月，微阳动。"两个记录的意思，都是在说：泉水会从冬至日起，逐渐转暖。"水泉动"，也是冬至节气的三个物候之一。

**何人更似苏夫子，不是花时肯独来：**现在没有人能够像我苏夫子一样了，还愿意在不是牡丹开花的时候，独自一个人来到吉祥寺。

这句诗的“花”，指的是牡丹花。在苏轼眼中，“钱塘吉祥寺花为第一”，“吉祥寺中锦千堆”。这次他在不是牡丹花期的冬至时节前来，突然由满眼是花到眼中无花，自然感觉不大适应。

其实今年三月，满眼是花的时候，他也来过，并且第一次见到了吉祥寺的牡丹花。

三月二十三日，苏轼接受顶头上司、时任杭州知州的沈立之的邀请，来到吉祥寺僧守璘的花圃观赏牡丹花，并参加欢宴。

酒酣耳热之后，沈知州提议，今天所有在场的人，无论身份尊卑，无论男女老少，回去时都要在自己的头上，插上一朵艳丽的牡丹花，然后大家一起从吉祥寺出发，各回各家。

估计顶头上司此议一出，在场众人中，苏轼是第一个感到为难的。虽然史上的苏轼，一直以豪放著称，但那是在他年纪大了以后。这一年，苏轼才 37 岁，又作为京官刚来不久，这个提议让人有些无法接受。

可是长官意志，不可违，喝多了酒的长官意志，更不可违。苏轼只好也和大家一样，在自己的头上插了一朵牡丹花，从吉祥寺出发，经众安桥和吴山沙河塘缓步而归，一路引得大批民众围观。

如此盛况，果然搞得苏大通判怪不好意思的，回家还感觉羞羞的他，专门写了一首《吉祥寺赏牡丹》来记录这次赏花：“人老簪花不自羞，花应羞上老人头。醉归扶路人应笑，十里珠帘半上钩。”

既然亲历了三月如此印象深刻的赏花活动，到了冬至时节再来，苏轼怎么可能不再想起牡丹花？

这是苏轼人生中第一次，履足杭州。

从熙宁四年（公元 1071 年）十一月到熙宁七年（公元 1074 年）九月，他这次在杭州通判任上，待了将近三年。

这三年，他一共写了 316 首诗。从类别上讲，

主要是题咏诗、送别诗、唱和诗等。

其实，他此时的诗，还有一个最重要的类别，那就是他在杭州出去玩时所写的游览诗。《冬至日独游吉祥寺》就是其中之一。

事实上，苏轼当时玩遍了整个杭州城及其周边地区。用他自己的话来说就是："两岁曾为山水役"。看看，他在杭州才三年，其中游山玩水，就有两年！

## 现在没有人能够像我苏夫子一样有骨气了

写下《冬至日独游吉祥寺》的冬至日，是苏轼在杭州度过的第二个冬至日。但此次外任杭州，却是他仕途生涯中第一次贬谪外任。

所以，诗中"不是花时肯独来"，哪里是在说"花"，分明就是在说"人"。

说的是什么人呢？在苏轼的心中，这句诗中的"花"，已等同于"王安石"，或者说"王安石变法"。这样一来，"何人更似苏夫子，不是花时肯独来"的意思就变成了：现在没有人能够像我苏夫子一样有骨气了，在人人都去捧宰相王安石和新法臭脚的时候，我却独自一个人，在势单力孤地反对新法。这，也正是他贬谪杭州的原因。

熙宁二年（公元 1069 年）二月，苏轼为父守丧三年之后，回到朝廷。他和弟弟苏辙惊奇地发现，此时面对的是一个完全陌生的政治环境。昔日赏识他们的名臣耆宿，富弼、韩琦、欧阳修、梅尧臣，都已或死或罢，风吹云散，取而代之的，是新进宰相王安石及其推行的一系列新法。

关键还在于，变法的形势已经逼得包括苏轼兄弟在内的所有官员，必须选择和站队了。支持变法者，就是宰相王安石喜欢的"新党"；反对变法者，就是宰相王安石不喜欢的"旧党"。

可是，虽然王安石大权在握，正处上风，苏轼还是无法变成王安石喜欢的"新党”。说到底，两个人的政见，存在着根本的区别：王安石的第一着眼点是“富国强兵”，并且要通过激进变法，迅速取得实效；苏轼的第一着眼点则是“吏治民生”，希望通过渐进式的改革，慢慢见效。

但王安石当时风头正健，为了推行变法，排斥异己、打击报复、钳制舆论的种种手段轮番出台。对于“新党”，无论其人品如何低劣，马上提拔重用；对于“旧党”，无论其才华如何横溢，马上贬谪地方。总之，神挡杀神，鬼挡杀鬼。

可偏偏就碰上了一个不信邪的苏轼。

随着王安石的贡举法、均输法、青苗法等一系列新法的颁布实施，从熙宁二年（公元1069年）五月起，苏轼连续上奏《议学校贡举状》《上神宗皇帝书》《再上皇帝书》，反对反对再反对。

就这样，苏轼成功地把王安石的反击火力集中到了自己身上：“王安石恨怒苏轼，欲害之，未有以发……景温即劾轼向丁父忧归蜀，往还多乘舟载物货、卖私盐等事。安石大喜。以三年八月五日奏上。”

公平地说，史上的王安石并非小人，但他此时居然着急到了要用无中生有的下作手段去诬陷苏轼，可见苏轼反对新法给他带来的巨大压力。

苏轼也是聪明人儿。自己直接得罪宰相间接得罪皇帝到了这个地步，而且对方已经露出了杀机。虽然暂时没事儿，但如果再不抽身跳出战团，恐怕就会有杀身之祸了。

此时苏轼面临的形势及出路，他的亲弟弟苏辙后来在《亡兄子瞻端明墓志铭》中论之甚详：“论事愈力，介甫愈恨。御史知杂事者为诬奏公过失，穷治无所得。公未尝以一言自辩，乞外任避之，通判杭州。”不用你们动手，我自请外任，这总行了吧？

这才有了苏轼与杭州的缘分，也才有了这年冬至日苏轼与吉祥寺的缘分。

苏轼这次虽然是自请外任，但实同贬谪。因为是得罪了当朝宰相而外任的，万一在杭州碰上一两个拍王安石马屁的上

司，那苏轼的日子，恐怕就会难过得很。

还好，生活中的苏轼为人大气，人缘极好。据宋人朱彧的《萍洲可谈》记载："东坡倅杭，不胜杯酌，部使者知公颇有才望，朝夕聚首，疲于应接，乃号杭倅为酒食地狱。"

原来，同事们喜欢他的才气，加之也喜欢他的脾气，每有酒宴，必定要邀请他出席。苏轼本来酒量就不大，连续饮酒之后，就有些疲于应付了；但又不好不出席驳了同事的面子，于是开玩笑地说杭州通判这一职务，简直就是"酒食地狱"。

另外，苏轼的运气还真是不错。因为连续三任杭州知州，都是反对新法的，都和他政见相同。所以，在杭州任通判的这三年，他过得很快活。

第一任知州，就是邀请他赏花和在头上插花的沈立之。在共事的过程中，沈立之因为钦慕苏轼的才名，还专门请他为自己编撰的十卷《牡丹记》作序。熙宁五年（公元 1072 年）八月，沈立之调任离开杭州，苏轼作诗送行，夸耀他的德政，表达自己的不舍："而今父老千行泪，一似当时去越时"，"试问别来愁几许？春江万斛若为量。"

第二任知州，是年长苏轼二十岁的陈襄。苏轼写《冬至日独游吉祥寺》的时候，顶头上司正是陈襄。这位陈襄曾上书极论青苗法之害民，并要求罢免王安石以谢天下。

这样的人，苏轼怎么可能不引为至交？更何况，直到熙宁七年（1074 年）六月陈襄才调任离杭，两人共事长达两年多时间。两人政治上是同道，诗词上是文友，生活中是朋友，达到了忘年交的地步。

等到陈襄离任，苏轼给他送行的词，就作了数首。比如《菩萨蛮·述古席上》《江城子·孤山竹阁送述古》《菩萨蛮·西湖送述古》《清平乐·送述古赴南都》《南乡子·送述古》等。陈襄字述古，仅从送行的词题来看，苏轼为了陈襄离任，就至少喝了五场送行酒。

第三任知州，是苏轼的四川绵竹老乡、长他十岁的杨绘。这又是一个反对王安石变法的“旧党”。杨绘最反对的，是免役法，史称“免役法行，绘陈十害”。但苏轼与杨绘共事的时间不长，只有短短的三个月：杨绘是熙宁七年（公元 1074 年）七月到杭，苏轼则是当年十月离杭。

面对杨绘这样一位同乡加同道，苏轼的感觉是一见如故。杨绘一到任，苏轼就以桂花相赠；八月十八日，苏轼又以地主身份，邀请杨绘观钱塘秋潮，然后同游灵隐寺，好好加深了一下感情。

等到苏轼离杭之时，杨绘也接到了京城任职的调令，于是两个好朋友约定，同船离杭。正好赶上当时在词坛有“张三中”“张三影”美称、曾官至都官郎中、此时退隐在杭的张先，又约上了苏轼的好友、被苏轼称为“其学术才能兼百人之器”、曾任过山阴县令的陈舜俞，也一起上船，给苏轼送行。

苏轼、杨绘、张先、陈舜俞，四个好友，以舟载酒，顺风行船，饮酒赋诗。喝到高兴之处，吟到高兴之处，四人共同决定：干脆乘着酒兴和诗兴，去拜访另外一位大家共同的朋友——湖州知州李常。

李常见有朋自远方来，那是相当之“乐”。马上又召来了另一位早就想见苏轼的湖州人，曾任江州知州、现居“提举崇禧观”闲职的刘述，前来欢会。

于是，苏轼、杨绘、张先、陈舜俞、李常、刘述，这六位闻名当时的文人，而且在《宋史》中均有自己列传的人物，就聚齐了。

然后，他们六人就在湖州碧澜堂，饮酒欢宴，赋诗填词，一连乐了几天，一连玩了几天。

张先年纪最大，席间率先写下一首《定风波》。苏轼作了《定风波·送元素》赠杨绘，作了《减字木兰花·过吴兴，李公择生子，三日会客，作此词戏之》赠李常，苏轼与张先各赋《南乡子》，陈舜俞赋《菩萨蛮》，苏轼又和《菩萨蛮·席上和陈令举》等大量词赋。

这次文人盛会，这次诗词雅集，就是文学史上千古流传的“六客词”。

就这样，在“六客词”的激情吟诵中，在朋友们的殷勤相送中，苏轼离开了杭州。

他自己当然想不到，十五年之后，他还会以杭州知州的身份，第二次来到杭州，而且，还会留下一道深深打着他的烙印、让杭州人时时想起他的“苏堤”。

## 北方吃饺子，南方吃汤圆

“冬至，阴极之至，阳气始生，日南至，日短之至，日影长之至。”

在二十四节气中，冬至位于农历十一月。冬至这一天，对位于北半球的中国来说，太阳刚好直射在南回归线（冬至线）之上，因此使得北半球的白天最短，黑夜最长。冬至过后，太阳又慢慢地向北回归线转移，北半球的白昼又慢慢加长，而夜晚渐渐缩短。

冬至日的到来，也意味着天气更加寒冷。从冬至开始，进入“数九”，俗称“交九”，每九天算是一个时段，即一个“九”，如此经过九个时段，即九个“九”，天气就会慢慢转暖。

冬至，不仅是农历二十四节气之一，也是我国具有影响力的传统节日之一。在古代，“冬至”俗称“数九”“冬节”“长至节”“亚岁”等，还有“小年”之称，甚至还有“冬至大如年”的说法。

把冬至当作节日来过，源于汉朝，盛于唐宋，相沿至今。直到今天，我国仍有不少地方有过冬至节的习俗。一般而言，北方吃饺子、南方吃汤圆。也有的地方，在这一天吃羊肉。因为“冬至一阳生”，而“羊”“阳”同音。

苏轼所在的宋朝，尤其重视冬至。冬至在宋朝又称“亚岁”“冬除”“二除夜”，有时干脆直接称为“除夜”。

冬至和寒食、元旦一起，并列为宋朝的三大节日。之所以称为三大节日，是因为这三个节日都有全国放假七天的“黄金周”假期。

在这一天，宋朝官方也会举办礼仪活动，营造节日氛围，比如祭天、宫廷朝会、赏赐官员、免除赋税、犒赏军队、特赦罪犯等。

宋人过冬至如过年。宋人吕原明《岁时杂记》中如此记录：“冬至既号亚岁，俗人遂以冬至前之夜为冬除，大率多仿岁除故事而差略焉”。

宋人甚至还出现过为了过好冬至而耗尽钱财，以致无钱过年的情况：“都城以寒食、冬至、元旦为三大节，自寒食至冬至，久无节序，故民间多相问遗，至献节，或财力不及。故谚语云：‘肥冬瘦年’。”宁愿“瘦年”，也要先“肥冬”再说。

宋人在冬至日的盛况，孟元老在《东京梦华录》中有记录：“十一月冬至，京师最重此节，虽至贫者，一年之间，积累假借，至此日更易新衣，备办饮食，享祀先祖，官放关扑，庆贺往来，一如年节。”

然而，在这样一个举国欢庆的喜庆节日，在这样一个放假七天的假期伊始，苏轼不是应该在“酒食地狱”之中，吃吃吃、喝喝喝吗？

可他在这一天，居然一个人去了吉祥寺，还不是为了看花。可以想象，苏轼写下《冬至日独游吉祥寺》时的心情，该有多落寞啊。

# 小寒

小寒节，十五天，
七八天处三九天。

## 长江上的冷雨，一片迷蒙

北宋元丰三年（公元 1080 年）十二月的小寒时节，36 岁的黄庭坚在赴任太和（江西泰和）知县的途中，路过庐山。

黄庭坚本是洪州分宁（江西省九江市修水县）人，在此地故交甚多，所以驻车上车，到庐山一游。到得山上，他特地遣人去后山寻访自己老朋友陈德方的家。在等候消息之际，黄庭坚写下《驻舆遣人寻访后山陈德方家》。

### 驻舆遣人寻访后山陈德方家

江雨蒙蒙作小寒，雪飘五老发毛斑。
城中咫尺云横栈，独立前山望后山。

**江雨蒙蒙作小寒：**正是小寒时节，长江上的冷雨，一片迷蒙。

**雪飘五老发毛斑：**远处白雪皑皑的庐山五老峰，就像是五个须发斑白的老人一样。

**城中咫尺云横栈：**沉沉乌云低压在九江城头，感觉近在咫尺。

**独立前山望后山：**我独自站立在庐山的前山，遥望着后山，等待着前去寻访老朋友的人带来的消息。

陈德方，在清康熙十五年补刊本《南康府志》卷八有其小传："陈圆，字德方，星子人。饱学独行，尝应制科。寻隐后山。名辈多出其门。黄鲁直访之，赋诗有'城中咫尺云横栈，独立前山望后山'之句，又名其堂曰'独善'"。

看来，黄庭坚遣去的人很是得力，他不仅找到了老朋友陈德方，两人见了面，黄庭坚还挥笔为陈德方题了两个字——"独善"。

告别陈德方之后，黄庭坚继续前行，于元丰四年（公元 1081 年）春，到任太和知县。

黄庭坚至今存诗 1956 首，其中七言绝句 590 首，占比 30%，《驻舆遣人寻访后山陈德方家》就是其中的一首七绝。

他在太和县任职这三年，总共作诗 221 首，创造了自己人生中新的创作高潮，写下了大量传世名篇。比如《流民叹》《次韵奉送公定》《劳坑入前城》《丙辰仍宿清泉寺》等。

宋人陈鹄在《耆旧续闻》中评价："黄庭坚少有诗名，未入馆时，在叶县、大名、吉州、太和、德平，诗已卓绝。"因此，等到黄庭坚再次回到京师任职之时，他的诗歌风格已经定型，他已经成为当时诗坛知名的诗人了。他的诗歌风格，因他字鲁直，所以苏轼称之为"黄鲁直体"，文学史上也称"黄庭坚体""黄山谷体"。

在宋朝定名的"江西诗派"，是我国文学史上第一个有正式名称的诗文派别。历来公认"江西诗派"有"一祖三宗"之说：杜甫为"一祖"，黄庭坚、陈师道、陈与义为"三宗"。

杜甫到了宋朝，早已作古。其实对"江西诗派"影响最大的活祖宗，首推黄庭坚。他才是"江西诗派"真正的开山祖师。因为，"江西诗派"诗人们崇尚的"点铁成金、夺胎换骨"创作原则，就是黄庭坚提出的。所谓"点铁成金、夺胎换骨"，就是指在诗歌创作上，或师承前人之辞，或师承前人之意，崇尚瘦硬奇拗的诗风，追求字字有出处。

黄庭坚的诗，与苏轼齐名，人称"苏黄"；黄庭坚的词，与秦观齐名；黄庭坚的书法，与苏轼、米芾和蔡襄齐名，人称"宋四家"；此外，黄庭坚还与张耒、晁补之、秦观一起，并称"苏门四学士"。

## 做人有骨气，写字就有骨架

黄庭坚一生，与苏轼的关系，剪不断，理还乱。

“苏黄”的第一次交往，是在元丰元年（公元1078年）。这一年，苏轼43岁，黄庭坚34岁。

这年二月，时任北宋北京（河北大名）国子监教授的黄庭坚，给时任徐州知州的苏轼，写去了一封名叫《古风二首上苏子瞻》的信。不仅写了书信，还呈诗二首。在书信中，黄庭坚如此表白：

**“然固未尝得望履幕下，以齿少且贱，又不肖，自知学以来，又为禄仕所縻，闻阁下之风，乐承教而未得也。今日窃食于魏，会闻阁下开幕府于彭门，传音相闻。阁下又不以未尝及门，过誉斗筲，使有黄钟大吕之重。盖心亲则千里晤对，情异则连屋不相往来，是理之必然者也。”**

概括起来就是一句话：苏轼，我是你的崇拜者，我们做朋友吧。

这是“苏黄”的第一次交往，是“苏黄”订交之始，也是黄庭坚加入“苏门四学士”之始。

但是，跟反对王安石变法的“旧党”中坚人物苏轼做朋友，是有风险的，也是要付出代价的。这一次，黄庭坚付出的代价，是“铜二十斤”。

怎么就还跟铜扯上关系了呢？

说起来，黄庭坚也是点儿背。他受苏轼之累，被卷进了北宋著名的文字狱“乌台诗案”之中。

他刚刚跟苏轼订交一年后，元丰二年（公元1079年）四月二十日，苏轼由徐州调任湖州知州。到任之后，他要按照朝廷惯例，向皇帝上奏《湖州谢上表》。这本是例行公事，上谢表的未必认真写，看谢表的也未必认真看。可是苏轼的例行公事，就出了大事。

因为他在《湖州谢上表》中，受文人习性影响，实在收不住笔，发了一句牢骚：“知其愚不适时，难

以追陪新进；察其老不生事，或能牧养小民。”

这里的“其”，指的是苏轼自己。这句话的意思是说：皇帝知道我愚蠢，不适应当前的时代，很难留在朝中奉陪那些因变法而上台的新进官员；皇帝又知道我老了不爱骚扰百姓，也许能够做个地方官，这才派我来湖州。

“新进”“生事”，这是当时“旧党”用来攻击“新党”的两个核心关键词。平时用一个，“旧党”就已经火冒三丈了。现在苏轼手一抖，居然两个连用，这还了得？这下彻底惹毛了“新党”：整死这个苏大胡子，必须的！

“新党”中的御史台官员首先出面，开始在苏轼的诗文中寻章摘句，借题发挥。别说，小人们的攻击还真奏效：他们成功获得了宋神宗的许可，由御史台派员，直接将苏轼由湖州锁拿京师，开始立案审讯。

所谓“乌台”，就是指御史台。在汉朝时，因御史台官署内遍植柏树，所以称“柏台”；又因柏树上常有乌鸦栖息筑巢，又称“乌台”。此案先由监察御史告发，后又在御史台狱受审，所以称为“乌台诗案”。

苏轼在仅到任湖州三个月之时，就被锁拿进京。在御史台狱坐牢 130 天之后，给苏轼的处理是“责授检校水部员外郎、黄州团练副使，本州安置，不得签书公事”。

其实，这个安排对苏轼来说，已经算是很轻了。他在此案中，本来是要掉脑袋的。能够从轻处理，全赖司马光、黄庭坚等一帮朋友联合申救，而他的死对头王安石，竟然从中起到了关键作用。此时王安石已罢相三年，闲居金陵，为了苏轼一案，他专门上书宋神宗：“岂有盛世而杀才士者乎？”就此一锤定音。

黄庭坚牵连进入“乌台诗案”之中，罪证就是元丰元年二月他要求跟苏轼做朋友的《古风二首上苏子瞻》，以及苏轼的回信、和诗。苏轼入狱之后的当年九月，“北京留守司至山谷处核验元年二月苏轼写寄山谷之书信及诗文”。看看，朋友间通个信，还惊动政府了。

这年十二月二十六日，黄庭坚的罪名下来了，是“收苏轼有讥讽文字不申缴入司”；处罚也下来了——“罚铜二十斤”。

与此同时，黄庭坚的国子监教授任满，改任著作佐郎，因受苏轼牵连，授官知太和县。黄庭坚这才踏上了《驻舆遣人寻访后山陈德方家》的长途跋涉之路。

其实，元丰三年（公元 1080 年），是黄庭坚生命中最重要的一年。因为，就是从这一年开始，“黄庭坚”变成了名垂青史的“黄山谷”。

《宋史·黄庭坚传》记载：“初，游潜皖山谷寺、石牛洞，乐其林泉之胜，因自号山谷道人云。”时间，是元丰三年（公元 1080 年）十月，地点，是今天的安徽省潜山县，“黄庭坚”变成了“黄山谷”，并从此以这个名号，名震天下。

此次赴任太和知县，是黄山谷生平第一次出任地方行政长官。

但他一上任，就遇到了推行榷盐新法的难题。所谓榷盐新法，就是指北宋史上有名的“熙丰盐法”，即盐由“官购、官运、官销”，官方垄断经营。在这一政策下，黄庭坚作为知县，负有推销官盐和打击私盐的责任。黄山谷是反对变法的“旧党”，但他在地方行政长官任上，却对包括盐政在内的新法推行，以“与民方便”为依归，采取了难得的务实态度。

然而，和所有新法一样，盐政新法也在推行过程中，出现了严重弊端，加重了百姓的负担与痛苦。

推进盐政新法时，黄山谷走遍了全县大小村庄，在万岁山、旱禾渡、观山、劳坑、刀坑口、雕陂等地，耳闻目睹了官盐在仓库堆积如山，老百姓却无钱购买宁愿淡食的种种景象，无奈地写下“穷乡有米无食盐，今日有盐无食米。但愿官清不爱钱，长养儿孙听驱使”和“借问淡食民，祖孙甘哺糟？赖官得盐吃，正苦无钱刀”等诗句。

面对老百姓的痛苦，黄山谷冒着丢官罢职的风险，在自己的职责范围内，采取了“枪口抬高一寸”的宽松政策。史称“知太和县，以平易为治。时课颁盐荚，诸县争占多数，太和独否，吏不悦，而民安之”。换句话说，黄山谷没有优先考虑自己的政绩和前途，而是优先考虑了老百姓的安危，所以“民安之”。可是上级不喜欢他，“吏不悦”。

公务履职之外，就在这个时候，黄山谷又做了一件事。他不仅一直与倒霉到了极点的苏轼保持联系，居然还在元丰四年（公元 1081 年）秋，给当时也受“乌台诗案”贬谪外任，正在监筠州（江西高安）盐酒税任上的苏辙，表示“诵执事之文章而愿见二十余年矣”，并作《秋思寄子由》《次韵奉寄子由》《再次韵寄子由》《再次韵奉答子由》寄往筠州。还是那句一样的话：苏辙，我也是你的崇拜者，我们做朋友吧。

黄山谷、苏辙，从此订交。

夸黄山谷铁骨铮铮就在于，他对于好友，无论相处时间长短，一旦订交，身陷牢狱不相弃，人遭贬谪不相忘。这一点，相对于如今社会上存在的众多势利小人，实在是难能可贵。

其实，稽诸史料，我们就可以发现，黄山谷于苏氏兄弟，一开始并无太深的渊源与关系。既非同乡，亦非同年，更未同事。从其中年以后方始订交，就可以看出这一点。唯一促使他们走到一起的，无非是政见相同、文气相通而已。

按照当时的情况，黄山谷无端受其牵连，完全可以避而远之，从此与苏轼兄弟老死不相往来。黄山谷如果这样做，无论当时还是现在，是没有人可以苛责他的。

可是，他居然还就在苏轼兄弟倒霉的时候，再次与苏轼互通书信，再次首先写信与苏辙订交。难怪人家书法写得好，原来是做人有骨气，写字就有骨架。

与苏辙订交两年后，黄山谷在太和县的痛苦，得到了暂时解脱。元丰六年（1083 年）十二月，他的知县任满，奉命移监德州德平镇。收到任命，39 岁的他携家带口，再次踏上宦游之旅。未来前路，还有更多的打击和贬谪，在等着他。

## 春节的年味儿已经渐浓

《月令七十二候集解》载：“小寒，十二月节。月初寒尚小，故云。月半则大矣。”《二如亭群芳谱》载：“冷气积久而为寒；小者，未至极也。”

小寒，是一年之中的第二十三个节气，也是一个反映气候变化的节气。小寒的到来，就意味着一天中最寒冷的日子开始了。

到了小寒，春节的年味儿已经渐浓。人们陆续开始写春联、剪窗花、买年画、买鞭炮，为过年做准备。

值得一提的是，在黄山谷所在的宋朝，小寒与大寒之间，还有一个今天我们早已消失、但在当时非常重要的节日——腊日节。据宋人吴自牧《梦粱录》：腊日节在“季冬之月，居小寒、大寒之时。”而且，唐宋时期的腊日节，不是我们今天也已经接近消失的腊八节。

宋朝的腊日节，朝廷要举行腊祭百神的仪式，“腊日大蜡祭百神”，“腊日祭太社、太稷”。官方祭祀之后，官员们就有福了，就会有时令的节日赐物。

唐宋时期，腊日节皇帝的时令节日赐物，主要是“口脂”“面脂”“红雪”“紫雪”“澡豆”“香药”等物品，也就是冬季护肤品和保健品。特别一点的是，皇帝会在这时颁下“历日”，也就是新一年的年历，相当于我们现在的挂历、台历。

“口脂”就是润唇膏，“面脂”就是润肤霜，“澡豆”就是洗面奶。在宋朝，这些高级冬季护肤品，由朝廷的医药机构和剂局、御药院，根据配方精心制造，然后再由皇帝进行赏赐：“腊日赐宰执、亲王、三衙从官、内侍省官并外阃、前宰执等腊药，系和剂局造进及御药院特旨制造银合，各一百两以至五十两、三十两各有差”。

“红雪”“紫雪”，似乎也是护肤品，其实是药品，或者说是当时人认为的保健品。唐人王焘所撰的《外台秘要》指出：“凡服石人当宜收贮药等……红雪、紫雪”。所谓“服石人”，就是指当时服用金石丹药以强身健体的人。“红雪”“紫雪”是用来治疗服用金石丹药所产生的毒副作用的。

# 大寒

小寒不如大寒寒，大寒之后天渐暖。

**和仲蒙夜坐**

宿鸟惊飞断雁号，独凭幽几静尘劳。
风鸣北户霜威重，云压南山雪意高。
少睡始知茶效力，大寒须遣酒争豪。
砚冰已合灯花老，犹对群书拥敝袍。

## 我一个人独坐在书桌前，躲避尘世的烦劳

这首诗的作者文同，字与可，又称文湖州、石室先生、丹渊先生、笑笑居士、笑笑先生。

文同大家不熟，但他的“从表弟”兼“亲家翁”大家都熟，苏轼；而且，文同创造了一个成语，大家也肯定经常用——胸有成竹。

苏轼是文同的“从表弟”，证据在苏轼所作的《文与可字说》的落款之中：“熙宁八年四月二十三日从表弟苏轼上”；至于“亲家翁”则有点间接：苏轼一生并无女儿，是弟弟苏辙的女儿嫁给了文同的儿子文务光，从此就结了亲家。

“胸有成竹”，则来自于苏轼和晁补之对文同善于画竹的赞誉。苏轼在《文与可画筼筜谷偃竹记》中说：“故画竹，必先得成竹于胸中”；“苏门四学士”之一晁补之在《赠文潜甥杨克一学文与可画竹求诗》中说：“与可画竹时，胸中有成竹”。

北宋嘉祐年间一个大寒之日的夜里，身在邠州（今陕西彬县）城中，时任静难军节度判官的文同，想起此前收到同事李仲蒙一首《夜坐》诗，自己还未有和诗，赶紧提笔，写下了这首《和仲蒙夜坐》。

**宿鸟惊飞断雁号，独凭幽儿静尘劳：**大寒之日的深夜，窗外北风惊飞了归巢栖息的鸟，也引得失群的大雁悲号。此时，我一个人独坐书桌之前，躲避尘世的烦劳。

**风鸣北户霜威重，云压南山雪意高：**凛冽的寒风在北边的窗户呼啸，沉重的乌云直压南山，看来马上就要下雪了。

**少睡始知茶效力，大寒须遣酒争豪：**已经夜深了，我仍然没有睡意，这才知道是茶的作用；其实在这样的大寒之夜，应该喝上几杯酒取暖的。

**砚冰已合灯花老，犹对群书拥敝袍：**墨砚已经结冰，油灯灯芯也已快烧尽，我还裹着棉袍在读书。

诗题中的“仲蒙”，即李仲蒙。李仲蒙是文同的进士同年，现在李仲蒙又成了文同在静难军的同事。

## 才气通天，最终也逃不过党争的迫害

北宋天禧二年（公元 1018 年），文同生于梓州梓潼郡永泰县（今四川盐亭）。

文同自幼苦读诗书，勤奋好学，“遂博通经史诸子，无所不究，未冠能文”。初出茅庐的他，文章就得到了历仕四朝、荐跻二府、七换节钺、出将入相五十年的名臣文彦博的赞赏：“与可襟韵洒落，如晴云秋月，尘埃不到。”

皇祐元年（公元 1049 年）文同登进士第。进士榜中，文同在将近五百考生中名列第五。而《和仲蒙夜坐》中的那位李仲蒙，则是第四名，考得比他还好。

中举的第二年，他就被派往邛州（今四川邛崃）担任判官，后又兼摄浦江、大邑政事。初次出任地方官职的他，“绳治豪放，或辨折欺伪，然后敦学政，劝邑之子弟，召其长者与语名教，使归谕里人”，很是称职。

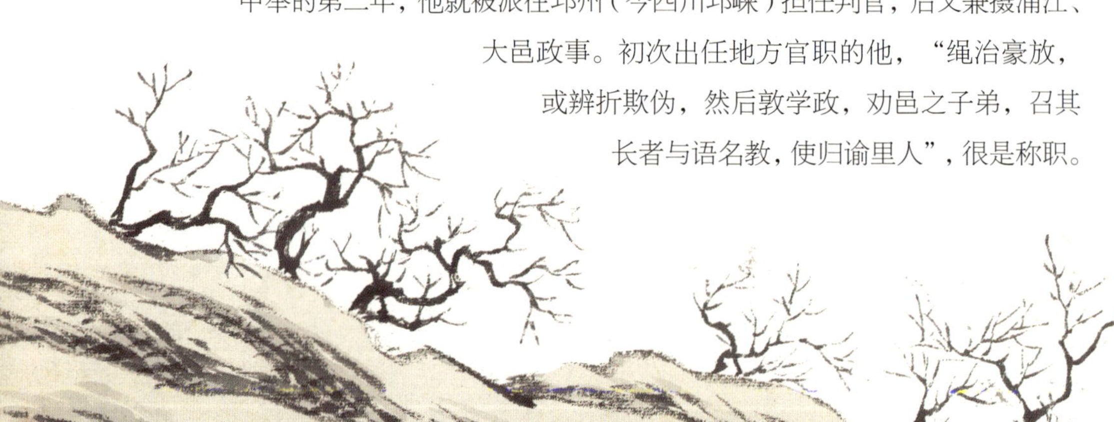

从登上官场的那天起，文同就似乎跟地方官职结了缘，而他本人也比较喜欢在地方而不是在中央任职。文同先后担任陵州知州、洋州知州，一直宦游四方。

终其一生，除了这次写下《和仲蒙夜坐》之后的嘉祐四年（公元 1059 年）“召试馆职，判尚书职方兼编校史馆书籍”，熙宁三年（公元 1070 年）“知太常礼院兼编修《大宗正司条贯》”，元丰元年（公元 1078 年）“判登闻鼓院”三次短暂进京任职，文同一直主动请求外任，出任地方官。

元丰二年（公元 1079 年）正月二十一日，再一次主动请求外任的文同，奉命赴任湖州知州，不料出发不久，就在途中病逝于陈州的宛丘驿站（在今河南淮阳），年仅 62 岁。

他在人生的最后一刻是这样的：“至陈州宛丘驿，忽留不行，沐浴衣冠，正坐而卒。”他就这样，有尊严地去了。

综观文同一生，最大的疑问就是，他为什么一而再、再而三地要求调离中央而到地方州县去任职？

千年之后，通过他的诗、他的词、他的文，甚至通过他的画，我们可以读懂他：原来，他是在逃避朝廷“你方唱罢我登场”的党争。

到了文同登上官场的时候，北宋朝廷的党争正如火如荼。当时的党争，虽然杀人不多，但斗争起来，往往是党同伐异，势同水火，不论正确意见，只讲个人意气，动辄相互残酷倾轧，对于官员个人的身心打击，也是巨大的。

史称：“一唱百和，唯力是视，抑此伸彼，唯胜是求。天子无一定之衡，大臣无久安之计，或信或疑，或起或仆，旋加诸膝，旋坠诸渊，以成波流无定之宇。”说白了，那就是一个一旦卷入就身不由己的党争旋涡。

只要卷入了这个党争旋涡，无论你官高爵显，无论你才气通天，最终都只能是党争的牺牲品。在这方面，文同耳闻目睹的例子，太多了。他的长辈和同僚，包括司马光、文彦博、范镇、赵抃等人就是这样；他的亲密好友苏轼、苏辙兄弟，也是这样。

无论是出于政见还是感情，文同都是和苏轼一样的“旧党”。但他和苏轼不一样的是，他不愿意像苏轼那样

站出来，旗帜鲜明地反对新法，他选择了沉默和逃避。

他的沉默，苏轼和其他人也看出来了。苏轼在《黄州再祭文与可文》一文中说他“再见京师，默无所云”。“默无所云”，就是文同面对新法的态度；而不断请求外任地方官，就是文同面对新法的手段。

道理很简单，长期留在中央任职，固然卿相有望，但也必然会卷入党争旋涡；而出任地方官，就会与党争旋涡相对保持距离，而且还可以尽己所能，为老百姓做一点实事。

在这样的指导思想下，文同成为了一名勤政的地方官员。在邛州、蒲江、大邑时，他惩治豪强，兴学办校；在陵州时，他整顿社会治安，惩治不法之徒；在兴元府时，他提倡教育，惩治盗窃；在洋州时，他革除榷茶弊端。

“北客若来休问事，西湖虽好莫吟诗”这两句诗，经学者考证，未必是文同所写，这个故事也未必是真。但是，以文同和苏轼兄弟的亲戚友好关系，相信文同肯定是通过多种方式，劝过苏轼的。

所以在文同逝后，“从表弟”苏轼顿感痛失良友，哀伤不已，寝食皆废数日之久：“余闻讣之三日，夜不眠而坐喟，梦相从而惊觉，满茵席之濡泪”（《祭文与可文》）；“亲家翁”苏辙也伤心地为他作《祭文与可学士文》：“与君结交，自我先人。旧好不忘，继以新姻。乡党之欢，亲友之恩。岂无他人，君则兼之。”

巧合的是，正是因为文同未能正常就任湖州知州，吏部才紧急改派他的“从表弟”苏轼前往就任。四月二十日，苏轼由徐州调任湖州知州。然后，他写下了那篇闯下滔天大祸的《湖州谢上表》，从而引爆了“乌台诗案”。

我常常在想，要是文同这年没有猝然离世，正常就任湖州知州，苏轼就不会去湖州上任，就不会写下《湖州谢上表》，也许就可以避免差点让他被杀头的“乌台诗案”了。

后来，我又想明白了：正如文同不是苏轼一样，苏轼也不是文同。苏轼“宁鸣而死，不默而生”，他的“乌台诗案”无法避免。他不在《湖州谢上表》中惹祸，就会在《杭州谢上表》中惹祸。

元丰三年（公元 1080 年）正月初一日，从“乌台诗案”中死里逃生的苏轼在贬谪黄州途中，与同样贬谪筠州的苏辙相会于陈州，以好友兼亲戚的身份，共同料理文同丧事。清人王文诰所编《苏文忠公诗编注集成总案》如是记录：“元丰三年庚申正月一日公挈迈出京，四日至陈州吊文同之丧，抚视诸孤，止于其家，以待子由……十日，子由自南都来。”

此时，文同已经逝世整整一年了。

文同，是北宋著名的能诗善赋、书画全能的艺术大师。他的“从表弟”苏轼评价他有“四绝”：“诗一，楚辞二，草书三，画四”，《宋史·文同传》也说他“善诗、文、篆、隶、行、草、飞白”，都认为他的诗歌成就应该排在第一位。

文同现存诗 867 首。其中，以反映百姓疾苦的现实诗，思想性最强；以描绘自然景物的写景诗，艺术性最高。

文同是直接接触老百姓的地方官。多年的地方官生涯，使得他有机会深入了解老百姓的疾苦，也使得他有机会师法“诗史”杜甫，创作出揭露社会矛盾、反映民生疾苦的现实诗。

文同的《织妇怨》《昝公溉》《宿东山村舍》，就像杜甫的“三吏”“三别”系列诗歌一样，“悯农怜农，体恤民生”，反映社会黑暗现实，反映下层劳动人民生活的艰辛，体现了诗人对劳动人民的同情和热爱。

作为一名长期宦游于官场的中高级官员，文同能够创造出数量如此多、质量如此高，感情真实细腻，富有强烈社会现实感的诗作，是非常可贵的，也是非常少有的。

正是这样的诗作，奠定了文同在宋诗中的大师级地位。

但在今天，文同的画名高于他的诗名。苏轼在他去世后不久，就意识到了这个情况，并且对此感到颇为无奈：“与可之文，其德之糟粕；与可之诗，其文之毫末。诗不能尽，溢而为书，变而为画，皆诗之余。其诗与文，好者益寡。有好其德，如好其画者乎？悲夫！”

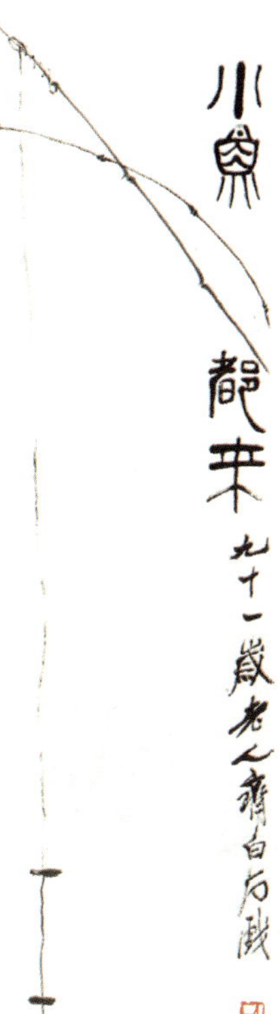

可是，不管苏轼如何“悲夫”，世人还是只爱文同的画。现藏于台北“故宫博物院”的《墨竹图》，就是他为数不多的传世神品之一。文同所画的墨竹，已成为中国文人画的标杆。

文同画竹，是把中国书法的抽象美和布局美引入到墨竹画中，使墨竹画脱离了工笔设色花鸟画而自成一派，故其墨竹画形神兼备。在他生前，就得到了同时代的苏轼、苏辙、晁补之等著名文人的认可，并且向他学习画竹技法。

文同、苏轼以后，墨竹画风大兴，成为单独的画科。不仅如此，由于他赴任湖州知州未至而卒，苏轼又担任过湖州知州，所以他们二人在画史上被奉为“湖州竹派”的开派始祖、一代宗师。

“湖州竹派”成为中国画史上的著名流派之后，代有才人，名家辈出：元朝有赵孟頫、高克恭、李衎、柯九思、吴镇、倪瓒，明朝有宋克、王绂、夏昶，清朝有石涛、郑板桥，民国时期还有吴昌硕。

无论是谁，只要能够把自己的任何东西，包括思想、言论、风格、技术，传承几百上千年以上，他都将不朽。从这个意义上讲，文同已不朽。

## 冬天已经来了，春天还会远吗

大寒，是全年二十四节气中的最后一个节气。《月令七十二候集解》载：“十二月中，月初寒尚小……月半则大矣。”《授时通考·天时》：“大寒为中者，上形于小寒，故谓之大……寒气之逆极，故谓大寒。”

同小寒一样，大寒也是表征天气寒冷程度的节气。大寒时节，寒潮南下频繁，是我国大部地区一年中的最冷时期。神州处处，冰天雪地，天寒地冻，严寒逼人。

大寒时节，有一个对中国人而言非常重要的日子，即农历十二月初八的腊八节。腊八节的主要活动，就是吃一碗热气腾腾的腊八粥。

宋朝的腊八粥，宋人孟元老的《东京梦华录》的记载是：

"诸大寺作浴佛会，并送七宝五味粥与门徒，谓之'腊八粥'，都人是日各家亦以果子杂料煮粥而食也"；南宋周密《武林旧事》的记载是，"八日，则寺院及人家用胡桃、松子、乳蕈、柿、栗之类作粥，谓之'腊八粥'。"

看来，宋朝文同所吃的腊八粥，是以素粥为主的。

到了大寒节气，已近岁末春节。我国的民间谚语说"大寒小寒又一年""大寒小寒，一年过完"，咱中国人的传统就是，辛苦了一年，无论什么事，都要放下，先好好过个年。

而我的这本小册子，写到大寒，也全部写完了。一身轻松的我，虽然还在大寒时节的冬天，却已经开始向往春天了。

好在，春天已经不远。

用英国诗人雪莱的话说，就是："冬天已经来了，春天还会远吗？"

而用凝聚中国古代人民千年智慧的二十四节气来解释，那就是：大寒之后，就是立春。

春雨惊春清谷天，

夏满芒夏暑相连。

秋处露秋寒霜降，

冬雪雪冬小大寒。

# 后记

Afterwords

大约两年前的清明节假期，在为逝去亲人扫墓的间隙，在刷微信朋友圈时，大家都会频频提及一首诗，一首人人耳熟能详的诗。

是的，就是杜牧的这首《清明》：清明时节雨纷纷，路上行人欲断魂。借问酒家何处有？牧童遥指杏花村。

“小杜”的诗谁敢说不好？可是，清明节的诗词不止这一首。

在我的朋友圈里，博士、硕士、学士比比皆是。也许他们还知道有关清明节的其他诗词，也许只是因为“小杜”这首诗最为普及，反正我的朋友圈里，被转发、点赞或评论的，只有这一首诗。

瞬间动念：是时候跟大家聊聊另外一首有关清明的诗词了。

挑来挑去，才挑中了才名不亚于杜牧、也是唐朝大才子元稹的那首《使东川·清明日》：常年寒食好风轻，触处相随取次行。今日清明汉江上，一身骑马县官迎。

在杜牧的诗里，有“雨”有“魂”，好歹还有点清明的气氛；而和杜牧那首诗相比，元稹这首诗里就几乎没有清明祭奠逝去亲人的气氛，我们能看到的，竟都是欢欣的气氛。

原来，同样是唐朝人，杜牧和元稹过的，也曾经是不一样的清明，也曾经写出了不一样的清明诗。

原来，在清明节气，不仅可以有杜牧的诗，还可以有元稹的诗。这就是本书的创作缘起。

可是，清明动念，等到构思结束，已是半个月过去了，谷雨节气到了。那么，干脆打个提前量，在谷雨就开始构思立夏的文字，然后从立夏开始，一个节气选定一首相关的诗词，就叫《一个节气一首诗》吧。

所以，现在出版的纸质图书《一个节气一首诗》，其最初的创意，是从微信朋友圈开始，从立夏开始的。

创意于微信朋友圈的文字，自然要首先出现在微信朋友圈里。当《一个节气一首诗·立夏》第一次出现在我的朋友圈时，受到了朋友们的热捧。大家纷纷点赞、评论，还有一些朋友自动地为我转发，给了我极大的鼓励，坚定了我把二十四节气写完的信心。

所以，此书得以出版，首先要感谢的，就是我微信朋友圈的朋友们。感谢你们的点赞，感谢你们的评论，感谢你们的转发，感谢你们的鼓励。

感谢张福臣老师。我和福臣老师在今年夏天才刚刚结识，却彼此感觉一见如故。新知即如旧雨，我理解其中的原因，不仅仅在于我们二人的朋友圈高度趋同，还在于我们二人在写作上、在精神上也是高度契合的。生活中的福臣老师，话语不多，但真诚待友。感谢他对我的帮助。

最应该感谢的，还是本书的策划编辑张璇老师。这位迄今只有一面之缘的美女，为我这本书的出版，付出良多。是她，第一个向我表示有意出版这部书稿；是她，在刚刚入职的单位就为这本书奔走协调；是她，耐心打磨这本书的策划角度、封面版式；还是她，耐心地对待我一次又一次的催促。感谢她，为了她的敬业，为了她的耐心。

感谢家人们支持。在夜以继日赶写此稿的那些日子里，我生平第一次出现了腰疼症状。是家人们的支持，特别是六岁儿子为我捶腰的粉嫩小拳头，让我克服病痛，撑了过来，完成全书。

感谢北京联合出版公司的编辑发行团队。为了一个不知名的草根作者的作品，他们的敬业精神和专业态度，已经足以感动我了。

最后需要说明的是，我个人在写作中，一直追求读者在阅读拙作时的阅读快感。我的想法很简单：诸君阅读本书后，受到多少启发且不讲，起码要读得顺畅，起码要觉得好读。

但是，由于本人水平和能力有限，书中错漏之处在所难免，本书可能距离我追求的目标还很远。在此，先请诸君见谅。

是为后记。

章雪峰

二〇一八年十一月六日